中山市大型真菌图鉴

Atlas of Macrofungi in Zhongshan

李泰辉　蒋谦才　邢佳慧　邓旺秋　张　明　主编

SPM 南方出版传媒
广东科技出版社｜全国优秀出版社
·广　州·

图书在版编目（CIP）数据

中山市大型真菌图鉴 / 李泰辉等主编．—广州：广东科技出版社，2021.11
ISBN 978-7-5359-7781-6

Ⅰ．①中…　Ⅱ．①李…　Ⅲ．①真菌—中山—图集　Ⅳ．① Q949.32-64

中国版本图书馆 CIP 数据核字（2021）第 228474 号

中山市大型真菌图鉴
Zhongshanshi Daxing Zhenjun Tujian

出 版 人：严奉强
责任编辑：区燕宜　于　焦
封面设计：柳国雄
责任校对：陈　静
责任印制：彭海波
出版发行：广东科技出版社
（广州市环市东路水荫路 11 号　邮政编码：510075）
销售热线：020-37607413
http://www.gdstp.com.cn
E-mail：gdkjbw@nfcb.com.cn
经　　销：广东新华发行集团股份有限公司
印　　刷：广州市彩源印刷有限公司
（广州市黄埔区百合三路 8 号 201 房　邮政编码：510700）
规　　格：787mm×1 092mm　1/16　印张 15　字数 350 千
版　　次：2021 年 11 月第 1 版
2021 年 11 月第 1 次印刷
定　　价：148.00 元

《中山市大型真菌图鉴》编委会

主　　编：李泰辉　蒋谦才　邢佳慧　邓旺秋　张　明

副 主 编：谭宗健　李　挺　孙红梅　廖浩斌　刘盼盼　黄　浩　黄晓晴

编　　委（按姓氏拼音排序）：

广东省科学院微生物研究所：

贺　勇　黄秋菊　李骥鹏　梁锡燊　林　敏　宋　斌　孙程远　王超群　王刚正　文华枢　伍利强　肖正端　谢德春　徐隽彦　占　宁　张成花　张嘉雯　钟国瑞　钟祥荣

中山市自然保护地管护中心：

何秀云　邱志敏　王家彬　吴嘉铭　修小娟

作者简介

李泰辉 博士，现任广东省科学院微生物研究所首席专家、华南微生物资源中心主任、华南应用微生物国家重点实验室副主任，二级研究员，博士生导师，中国科学院大学、华南理工大学和华南农业大学客座教授，中国菌物学会第五届和第六届理事会副理事长、第七届理事会菌物多样性与系统分类学专业委员会主任，中国农学会食用菌分会常务理事，广东省食用菌行业协会专家小组组长，广州市食品安全委员会专家委员，国务院特殊津贴和中国菌物学会戴芳澜杰出成就奖获得者。早期师从广东省科学院微生物研究所毕志树研究员、英国菌物学会前理事长 Roy Watling 博士、中山大学张宏达教授和屈良鹄教授等著名的真菌分类学家和植物分类学家。自 1980 年起从事大型真菌资源调查、分类与利用研究，是当今我国最活跃的大型真菌分类学家之一，发现新种（新变种）150 多个（包括一些重要的经济真菌和极毒蘑菇）。主持或参加 50 多项联合国、国家和省部级科研项目；制定毒蘑菇鉴别国家标准 1 项；发表论文 400 多篇，其中 SCI 收录 100 余篇；出版专著 16 部，为《中国大型菌物资源图鉴》的主要作者之一。获得国家级和省级奖励 15 项。

蒋谦才 林业教授级高级工程师，中山市自然保护地管护中心（中山市林业科学研究所、中山市长江库区水源林市级自然保护区林区管理处、广东中山国家森林公园管理中心）主任。从事林业工作 30 余年，在森林资源培育、保护、规划、管理与利用，特别在森林公园与保护区的规划、建设与管理及主导自然教育实施等方面具有丰富的工作实践经验。主持和参加过多项科研项目，曾获省市级科研成果奖励 10 余项，近三年发表科技论文 10 余篇，获评第六期“中山市优秀专家•拔尖人才”荣誉称号，获中国林学会“劲松奖”。

邢佳慧　博士，广东省科学院微生物研究所助理研究员。2019年7月毕业于北京林业大学林学院，师从戴玉成教授和崔宝凯教授，从事大型真菌资源与应用、系统发育与进化及生态学相关研究，对我国灵芝科、小皮伞科及粉褶蕈科等类群研究均有重要的科学发现。曾获中国菌物学会戴芳澜优秀研究生奖，主持国家自然科学基金青年基金项目1项，参与国家级项目5项，发表SCI论文12篇。参与发表大型真菌新属6个，新种26种，其中个人命名发表的新种有6种。

邓旺秋　博士，广东省科学院微生物研究所研究员，硕士生导师，中国菌物学会理事，广东省微生物学会监事长，广东省生态学会理事，广州市食品药品特种设备安全专家委员会委员，《菌物研究》和《食用菌学报》编委会委员。师从我国著名真菌分类学家李泰辉研究员和姜子德教授，从事大型真菌资源分类与应用基础研究，先后主持国家和省部级各类科研项目10余项，其中主持国家自然科学基金项目6项；参加科技部973项目、科技基础专项、国家基金及省部级科研等项目近30项。对灵芝科、鹅膏科、粉褶蕈科、虫草等大型真菌有较深入的研究，首次发现并命名的大型真菌新种10余种；获国家发明专利5项；参与制定国家标准1个；发表科研论文80多篇，其中SCI收录40多篇，出版著作3部。

张明　博士，广东省科学院微生物研究所助理研究员。从2010年开始至今，一直从事大型真菌资源与应用、系统发育与进化相关研究。主持和参加国家和省部级项目10余项，包括主持国家自然科学基金项目2项；发表研究论文36篇（第一作者SCI论文13篇），合作出版著作《云南楚雄州大型真菌图鉴（I）》和《中国南海岛屿大型真菌图鉴》，参与《中国大型菌物资源图鉴》和《车八岭大型真菌资源图鉴》编写工作。研究兴趣主要为华南热带亚热带地区大型真菌物种多样性、系统发育与进化，已发现并命名大型真菌新属3个，新种30种。

内容简介

《中山市大型真菌图鉴》是一部以图文并茂的形式反映广东省中山市大型真菌资源及其分类和分布的专著。本书凝聚了中山市下辖各区域的18家森林公园和自然保护区的调查成果，全书记载了中山市2门8纲19目55科100属152种大型真菌，另附3种大型黏菌；按形态学划分为子囊菌、胶质菌、珊瑚菌、革菌、多孔菌、鸡油菌、伞菌、牛肝菌、腹菌共9类；介绍了每种真菌的中文名、拉丁文名、形态特征、生境、分布及有关该菌相关信息的讨论、引证标本、采集时间和采集地点等；书末列有主要参考文献、真菌中文名索引和拉丁文名索引。书中附有真菌彩色生态照片200多幅。

本书可供菌物学及其相关学科科研人员、大专院校相关专业人员、菌物爱好者，以及食用、药用菌开发经营人员参考。

前　言
Foreword

中山市位于广东省中南部，是粤港澳大湾区重要的节点城市之一。中山市地形以平原为主，五桂山是该市主要山脉，其主峰海拔 531 m，为全市最高峰。中山市属南亚热带季风气候，光热充足，雨量充沛，为生物的繁衍生息创造了良好的生态环境。其中五桂山是该市生物多样性较为丰富的区域，目前仍保存着一定面积的南亚热带常绿阔叶林。

中山市的常绿阔叶林

自 21 世纪以来，由中山市林业局、中山市自然保护地管护中心等单位组织，联合高等院校和研究机构较为系统地开展了中山市动植物资源普查，并出版了《中山野生动物》和《中山市维管植物名录》等著作。相关调查显示，中山市有陆生脊椎动物 298 种，其中鸟类种数最多，有 15 目 51 科 208 种；维管植物 217 科 912 属 1 771 种，其中野生维管植物 186 科 646 属 1 235 种。这些动植物资源为真菌的生存提供了有利的生态环境。然而，中山市的大型真菌资源尚不清楚，相关报道仍为空白，更无相关著作出版。

真菌是自然界中物种多样性最为丰富的生物类群之一，它们是生态系统中重要的分解者，与动植物之间有着密切关系。它既可通过共生方式促进动植物的生长发育，也可通过寄生方式使动植物致病，甚至还可使人中毒死亡！ 2019 年 3 月，中山市报道了一起因误食致命鹅膏（又称致命白毒伞）引起的严重中毒事件，导致 3 人中毒（1 人为孕妇），其中 1 人死亡，1 人进行肝脏移植后康复，孕妇救治几个月后死亡。该事件引起了当地人们的广泛关注和重视。与此同时，中山市自然保护地管护中心计划开展中山市的大型真菌资源调查。2019 年初，由中山市自然保护地管护中心实施管理，广东省科学院微生物研究所（原广东省微生物研究所）承担的“中山市大型真菌调查研究”项目（ZZ21901438）正式启动。

自 2019 年以来，作者团队对中山市下辖各区域的森林公园和自然保护区进行调查，包括长江库区水源林市级自然保护区、田心公园、大尖山森林公园、金钟山森林公园、北台山森林公园、尖峰山森林公园、浮虚山森林公园、蒂峰山森林公园、云梯山森林公园、小琅环森林公园、龙山森林公园、珊洲森林公园、华佗山森林公园、卓旗山森林公园、三角山森林公园及蜘洲山森林公园等具有代表性的地点。组织野外考察和采集 15 次，共计 120 天、61 人次，采集标本 1 000 多份，拍摄相关照片 20 GB；采用形态学与分子生物学相结合的方法，鉴定大型真菌 152 种，隶属 2 门 8 纲 19 目 55 科 100 属；所有标本均在广东省科学院微生物研究所真菌标本馆（Fungarium of Institute of Microbiology, Guangdong Academy of Science，国际代码 GDGM）保存，并录入包括种类中文名和拉丁文名、采集地、采集时间、采集人、形态照片、标本号等数据信息。

作者团队在中山市蒂峰公园考察毒蘑菇

科研人员冒雨在野外进行科学考察

科研人员在野外科考中“享用”午餐

李泰辉研究员在中山市作毒蘑菇中毒预防报告

中山市的大型真菌种类统计分析表明，五桂山具有较高的物种多样性。对鉴定的大型真菌进行食、药、毒性评价，发现食用菌 16 种、药用菌 30 种、毒菌 18 种。其中具有重要开发应用价值的食用菌包括间型鸡㙡 *Termitomyces intermedius*、小果鸡㙡 *Termitomyces microcarpus*、花脸香蘑 *Lepista sordida*、洛巴伊大口蘑 *Macrocybe lobayensis*、变黄竹荪 *Phallus lutescens*、银耳 *Tremella fuciformis*、毛木耳 *Auricularia cornea*、黄绿鸡油菌 *Cantharellus luteolus*、卵孢长根菇 *Hymenopellis raphanipes*、热带小奥德蘑 *Oudemansiella canarii*、双色蜡蘑（参照种）*Laccaria* cf. *bicolor*、裂褶菌 *Schizophyllum commune*；常见药用菌包括具有提高免疫力、抗肿瘤、抗疲劳等作用的热带灵芝 *Ganoderma tropicum*、南方灵芝 *Ganoderma australe*、云芝 *Trametes versicolor*、黑柄炭角菌 *Xylaria nigripes*、毛蜂窝孔菌 *Hexagonia apiaria*、薄蜂窝孔菌 *Hexagonia tenuis*、朱红密孔菌 *Pycnoporus sanguineus*、小孔血芝 *Sanguinoderma microporum*、皱血芝 *Sanguinoderma rugosum*、雅致栓孔菌 *Trametes elegans*、毛栓孔菌 *Trametes hirsuta*、大栓孔菌 *Trametes maxima*、冷杉附毛孔菌 *Trichaptum abietinum*、深褐褶菌 *Gloeophyllum sepiarium*、头状秃马勃 *Calvatia craniiformis*、隆纹黑蛋巢菌 *Cyathus striatus*、木生地星 *Geastrum mirabile*、绒皮地星 *Geastrum velutinum*、豆马勃 *Pisolithus arhizus*、黄硬皮马勃 *Scleroderma sinnamariense* 等。这些食药用菌资源特别值得加强保护，也可以用于科学的可持续利用研究。

非常值得强调的是，中山市的毒蘑菇相当常见，其中能引起严重肝脏损害型的有致命鹅膏 *Amanita exitialis*、拟灰花纹鹅膏 *Amanita fuligineoides*；能引起严重肾脏损害型的有欧氏鹅膏 *Amanita oberwinkleriana*；具胃肠炎毒性的有铅绿褶菇 *Chlorophyllum molybdites*、日本红菇 *Russula japonica*、近江粉褶蕈 *Entoloma omiense*、纯黄白鬼伞 *Leucocoprinus birnbaumii*、易碎白鬼伞 *Leucocoprinus fragilissimus*、新假革耳 *Neonothopanus nambi*、臭黄菇（参照种）*Russula* cf. *foetens*、柯氏波纹菇（波纹桩菇、覆瓦网褶菌）*Meiorganum curtisii*、疸黄粉末牛肝菌 *Pulveroboletus icterinus*；以及能产生神经精神毒性的土红鹅膏 *Amanita rufoferruginea*、变色龙裸伞 *Gymnopilus dilepis* 等。野生蘑菇种类繁多，可食用的蘑菇和有毒蘑菇有时外形非常相似，极易混淆，大众千万不要随意采食不熟悉的野生蘑菇。对于一般人来说，仅凭外部形态很难进行科学鉴别。所以，读者不要仅仅依据书中的图片来采食野生蘑菇，若误食有毒蘑菇中毒，本书作者不承担任何责任。

本书是中山市大型真菌研究成果的一部分，作者筛选了部分种类撰写而成，包括真菌界（Fungi）中子囊菌门（Ascomycota）和担子菌门（Basidiomycota）大型真菌 152 种，另附有原生动物界（Protozoa）中变形虫门（Amoebozoa）和黏菌门（Myxomycota）的 3 种黏菌种类。所有物种参照李玉等（2015）的排列方法，并根据实际内容略作改动。本书描述的大型真菌分为大型子囊菌、胶质菌、珊瑚菌、革菌、多孔菌、鸡油菌、伞菌、牛肝菌和腹菌等 9 大类；与大型真菌形态相似的大型黏菌也作为一大类附于最后。各大部分的种类则按其拉丁文名的字母顺序排列，分类地位主要参考 Index Fungorum 网站（http://www.Indexfungorum. org/Names/ Names.asp）中的分类系统，以下为本书种类的分类地位［根据 http: //www.Indexfungorum.org/Names/ Names.asp（2021）数据库的最新分类系统，并结合相关类群的最新研究进展，对书中涉及的 155 个物种的现代分类地位进行整理］。

表 1 本图鉴大型真菌在现代真菌分类学系统中的地位

（置于其相同的上一级分类单元中）

真菌界 Fungi
　子囊菌门 Ascomycota
盘菌亚门 Pezizomycotina
　　　锤舌菌纲 Leotiomycetes
　　　　锤舌菌亚纲 Leotiomycetidae
　　　　　柔膜菌目 Helotiales
　　　　　　柔膜菌科 Helotiaceae
　　　　　　　二头孢盘菌属 *Dicephalospora*
　　　　　锤舌菌目 Leotiales
　　　　　　胶锤舌菌科 Leotiaceae
　　　　　　　锤舌菌属 *Leotia*
　　　盘菌纲 Pezizomycetes
　　　　盘菌亚纲 Pezizomycetidae
　　　　　盘菌目 Pezizales
　　　　　　火丝菌科 Pyronemataceae
　　　　　　　小孢盘菌属 *Acervus*
　　　粪壳菌纲 Sordariomycetes
　　　　肉座菌亚纲 Hypocreomycetidae
　　　　　肉座菌目 Hypocreales
　　　　　　线虫草科 Ophiocordycipitaceae
　　　　　　　线虫草属 *Ophiocordyceps*
　　　　炭角菌亚纲 Xylariomycetidae
　　　　　炭角菌目 Xylariales
　　　　　　炭团菌科 Hypoxylaceae
　　　　　　　炭团菌属 *Hypoxylon*
　　　　　　炭角菌科 Xylariaceae
　　　　　　　层炭壳属 *Daldinia*
　　　　　　　炭角菌属 *Xylaria*
　担子菌门 Basidiomycota
蘑菇亚门 Agaricomycotina
　　　蘑菇纲 Agaricomycetes
　　　　蘑菇亚纲 Agaricomycetidae
　　　　　蘑菇目 Agaricales
　　　　　　蘑菇科 Agaricaceae

蘑菇属 *Agaricus*
绿褶菇属 *Chlorophyllum*
海氏菇属 *Heinemannomyces*
白环蘑属 *Leucoagaricus*
白鬼伞属 *Leucocoprinus*
小蘑菇属 *Micropsalliota*
鹅膏菌科 Amanitaceae
鹅膏属 *Amanita*
色孢菌科 Callistosporiaceae
大口蘑属 *Macrocybe*
丝膜菌科 Cortinariaceae
丝膜菌属 *Cortinarius*
珊瑚菌科 Clavariaceae
珊瑚菌属 *Clavaria*
粉褶蕈科 Entolomataceae
斜盖伞属 *Clitopilus*
粉褶蕈属 *Entoloma*
轴腹菌科 Hydnangiaceae
蜡蘑属 *Laccaria*
蜡伞科 Hygrophoraceae
蜡伞属 *Hygrophorus*
层腹菌科 Hymenogastraceae
裸伞属 *Gymnopilus*
黏滑菇属 *Hebeloma*
丝盖伞科 Inocybaceae
靴耳属 *Crepidotus*
马勃科 Lycoperdaceae
秃马勃属 *Calvatia*
离褶伞科 Lyophyllaceae
鸡㙡属 *Termitomyces*
小皮伞科 Marasmiaceae
拟金钱菌属 *Collybiopsis*
老伞属 *Gerronema*
小皮伞属 *Marasmius*
四角孢伞属 *Tetrapyrgos*
类脐菇科 Omphalotaceae

裸脚伞属 *Gymnopus*
微皮伞属 *Marasmiellus*
新假革耳属 *Neonothopanus*
膨瑚菌科 Physalacriaceae
长根菇属 *Hymenopellis*
小奥德蘑属 *Oudemansiella*
侧耳科 Pleurotaceae
侧耳属 *Pleurotus*
伏褶菌属 *Resupinatus*
光柄菇科 Pluteaceae
光柄菇属 *Pluteus*
草菇属 *Volvariella*
小脆柄菇科 Psathyrellaceae
小鬼伞属 *Coprinellus*
拟鬼伞属 *Coprinopsis*
小脆柄菇属 *Psathyrella*
裂褶菌科 Schizophyllaceae
裂褶菌属 *Schizophyllum*
口蘑科 Tricholomataceae
假小孢伞属 *Pseudobaeospora*
科地位未定类群 Incertae sedis
小杯伞属 *Clitocybula*
黑蛋巢菌属 *Cyathus*
香蘑属 *Lepista*
铦囊蘑属 *Melanoleuca*
牛肝菌目 Boletales
牛肝菌科 Boletaceae
小绒盖牛肝菌属 *Parvixerocomus*
粉末牛肝菌属 *Pulveroboletus*
粉孢牛肝菌属 *Tylopilus*
臧氏牛肝菌属 *Zangia*
圆孔牛肝菌科 Gyroporacea
圆孔牛肝菌属 *Gyroporus*
桩菇科 Paxillaceae
波纹菇属 *Meiorganum*
硬皮马勃科 Sclerodermataceae

豆马勃属 *Pisolithus*
硬皮马勃属 *Scleroderma*
干腐菌科 Serpulaceae
干腐菌属 *Serpula*
莲叶衣目 Lepidostromatales
莲叶衣科 Lepidostromataceae
丽柱衣属 *Sulzbacheromyces*
鬼笔亚纲 Phallomycetidae
地星目 Geastrales
地星科 Geastraceae
地星属 *Geastrum*
鬼笔目 Phallales
鬼笔科 Phallaceae
蛇头菌属 *Mutinus*
鬼笔属 *Phallus*
木耳亚纲 Auriculariomycetidae
木耳目 Auriculariales
木耳科 Auriculariaceae
木耳属 *Auricularia*
亚纲地位未定类群 Incertae sedis
鸡油菌目 Cantharellales
齿菌科 Hydnaceae
鸡油菌属 *Cantharellus*
锁瑚菌科 Clavulinaceae
锁瑚菌属 *Clavulina*
褐褶菌目 Gloeophyllales
褐褶菌科 Gloeophyllaceae
褐褶菌属 *Gloeophyllum*
刺革菌目 Hymenochaetales
刺革菌科 Hymenochaetaceae
集毛孔菌属 *Coltricia*
环褶孔菌属 *Cyclomyces*
刺革菌属 *Hymenochaete*
瘦脐菇科 Rickenellaceae
瘦脐菇属 *Rickenella*
科地位未定类群 Incertae sedis

附毛孔菌属 *Trichaptum*

多孔菌目 Polyporales

拟层孔菌科 Fomitopsidaceae

拉纳孔菌属 *Ranadivia*

灵芝科 Ganodermataceae

灵芝属 *Ganoderma*

血芝属 *Sanguinoderma*

巨盖孔菌科 Meripilaceae

硬孔菌属 *Rigidoporus*

皱孔菌科 Meruliaceae

烟管孔菌属 *Bjerkandera*

革耳科 Panaceae

革耳属 *Panus*

平革菌科 Phanerochaetaceae

小薄孔菌属 *Antrodiella*

柄杯菌科 Podoscyphaceae

残孔菌属 *Abortiporus*

柄杯菌属 *Podoscypha*

多孔菌科 Polyporaceae

革孔菌属 *Coriolopsis*

俄氏孔菌属 *Earliella*

棱孔菌属 *Favolus*

窝孔菌属 *Hexagonia*

白栓孔菌属 *Leiotrametes*

香菇属 *Lentinus*

小孔菌属 *Microporus*

多年卧孔菌属 *Perenniporia*

多孔菌属 *Polyporus*

密孔菌属 *Pycnoporus*

栓孔菌属 *Trametes*

齿耳菌科 Steccherinaceae

黑孔菌属 *Nigroporus*

红菇目 Russulales

红菇科 Russulaceae

红菇属 *Russula*

韧革菌科 Stereaceae

趋木革菌属 *Xylobolus*
花耳纲 Dacrymycetes
亚纲地位未定类群 Incertae sedis
花耳目 Dacrymycetales
花耳科 Dacrymycetaceae
桂花耳属 *Dacryopinax*
银耳纲 Tremellomycetes
银耳亚纲 Tremellomycetidea
银耳目 Tremellales
银耳科 Tremellaceae
银耳属 *Tremella*
科地位未定类群 Incertae sedis
链担耳属 *Sirobasidium*

附：本书黏菌的分类地位

原生动物界 Protozoa
变形虫门 Amoebozoa
菌虫亚门 Mycetozoa
黏腹菌纲 Myxogastrea
轴黏菌亚纲 Columellinia
发网菌目 Stemonitida
发网菌科 Stemonitidae
发网菌属 *Stemonitis*
亮孢黏菌亚纲 Lucisporinia
团毛菌目 Trichiida
团毛菌科 Trichiidae
团网菌属（垂网菌属）*Arcyria*
黏腹菌亚纲 Myxogastria
无丝黏菌目 Liceida
假丝菌科 Reticulariidae
粉瘤菌属 *Lycogala*

本书是首部关于中山市大型真菌的图鉴。在调查研究期间，因受疫情影响，很多时候出差采集都会受到限制，但作者们仍克服各种困难，完成了这一著作。由于中山市的树林以人工林为主，林地通常也比较贫瘠，加上两年的调查时间比较短，因此调查获得的种类不算很多，但已包括了中山市大部分的常见种类。作者希望本图鉴的出版可为广大读者认识中山市常见的大型真菌提供参考，为该地区大型真菌资源的保护和可持续利用，以及毒蘑菇的中毒预防宣传提供科学依据，为后续更全面、更深入地研究奠定良好基础。

本书的完成得到了中山市自然保护地管护中心项目（ZZ21901438）、国家自然科学基金项目（31750001、31970024、32000016）和广东省科技计划项目（2019B121202005）的资助。在中山市大型真菌标本采集、鉴定和资料收集等方面，得到了北京林业大学戴玉成教授、崔宝凯教授，华南农业大学姜子德教授，中国科学院昆明植物研究所杨祝良研究员，中山大学廖文波教授，中国热带农业科学院马海霞副研究员，中山市疾病预防控制中心郭艳、陈夏威医师等给予的大力支持和帮助！

在此对所有给予支持和帮助的单位和个人表示衷心感谢！

作　者

2021 年 9 月

目　录

Contents

子囊菌

001 小孢盘菌 *Acervus epispartius* (Berk. & Broome) Pfister ··· 002

002 启迪轮层炭壳 *Daldinia childiae* J. D. Rogers & Y. M. Ju ··· 003

003 层炭壳属种类 *Daldinia* sp. ··· 004

004 橙红二头孢盘菌 *Dicephalospora rufocornea* (Berk. & Broome) Spooner ··· 005

005 炭团菌属种类 *Hypoxylon* sp. ··· 006

006 锤舌菌属种类 *Leotia* sp. ··· 007

007 尖头线虫草 *Ophiocordyceps oxycephala* (Penz. & Sacc.) G. H. Sung et al. ··· 008

008 线虫草属种类（1）*Ophiocordyceps* sp. 1 ··· 009

009 线虫草属种类（2）*Ophiocordyceps* sp. 2 ··· 010

010 古巴炭角菌 *Xylaria cubensis* (Mont.) Fr. ··· 011

011 黑柄炭角菌 *Xylaria nigripes* (Klotzsch) Cooke. ··· 012

胶质菌

012 毛木耳 *Auricularia cornea* Ehrenb. ··· 014

013 桂花耳 *Dacryopinax spathularia* (Schwein.) G. W. Martin ··· 016

014 大链担耳 *Sirobasidium magnum* Boedijn ··· 017

015 银耳 *Tremella fuciformis* Berk. ··· 018

珊瑚菌

016 栗柄锁瑚菌（参照种）*Clavulina* cf. *castaneipes* (G. F. Atk.) Corner ··· 022

017 脆珊瑚菌 *Clavaria fragilis* Holmsk ··· 023

018 中华丽柱衣 *Sulzbacheromyces sinensis* (R. H. Petersen & M. Zang) D. Liu & Li S. Wang ··· 024

革菌

019 大黄锈革孔菌 *Hymenochaete rheicolor* (Mont.) Lév. ······026
020 柄杯菌属种类 *Podoscypha* sp. ······027
021 金丝趋木革菌 *Xylobolus spectabilis* (Klotzsch) Boidin······028

多孔菌

022 二年残孔菌 *Abortiporus biennis* (Bull.) Singer······030
023 小薄孔菌属种类 *Antrodiella* sp. ······031
024 亚黑管孔菌 *Bjerkandera fumosa* (Pers.) P. Karst.······032
025 大孔集毛孔菌 *Coltricia macropora* Y. C. Dai ······033
026 粗糙革孔菌 *Coriolopsis aspera* (Jungh.) Teng······034
027 针孔环褶孔菌 *Cyclomyces setiporus* (Berk.) Pat. ······035
028 红贝俄氏孔菌 *Earliella scabrosa* (Pers.) Gilb. & Ryvarden······036
029 堆棱孔菌 *Favolus acervatus* (Lloyd) Sotome & T. Hatt. ······038
030 分隔棱孔菌 *Favolus septatus* J. L. Zhou & B. K. Cui······039
031 南方灵芝 *Ganoderma australe* (Fr.) Pat. ······040
032 热带灵芝 *Ganoderma tropicum* (Jungh.) Bres.······042
033 耸毛褐褶菌 *Gloeophyllum imponens* (Ces.) Teng······044
034 深褐褶菌 *Gloeophyllum sepiarium* (Wulfen) P. Karst. ······045
035 毛蜂窝孔菌 *Hexagonia apiaria* (Pers.) Fr. ······046
036 薄蜂窝孔菌 *Hexagonia tenuis* (Hook) Fr. ······047
037 大白栓孔菌 *Leiotrametes lactinea* (Berk.) Welti & Courtec.······048
038 近缘小孔菌 *Microporus affinis* (Blume & T. Nees) Kuntze ······049
039 黄褐小孔菌 *Microporus xanthopus* (Fr.) Kuntze······050
040 紫褐黑孔菌 *Nigroporus vinosus* (Berk.) Murrill ······051
041 白蜡多年卧孔菌 *Perenniporia fraxinea* (Bull.) Ryvarden······052
042 白赭多年卧孔菌 *Perenniporia ochroleuca* (Berk.) Ryvarden······053
043 桑多孔菌（参照种）*Polyporus* cf. *mori* (Pollini) Fr.······054
044 三河多孔菌 *Polyporus mikawai* Lloyd······055
045 血红密孔菌 *Pycnoporus sanguineus* (L.) Murrill······056
046 谦逊迷孔菌 *Ranadivia modesta* (Kunze ex Fr.) Zmitr. ······058
047 线条硬孔菌 *Rigidoporus lineatus* (Pers.) Ryvarden ······059
048 小孔血芝 *Sanguinoderma microporum* Y. F. Sun & B. K. Cui······060
049 皱血芝 *Sanguinoderma rugosum* (Blume & T. Nees) Y. F. Sun, D. H. Costa & B. K. Cui······062
050 竹生干腐菌 *Serpula dendrocalami* C. L. Zhao······064

051 拟囊状体栓孔菌 *Trametes cystidiolophora* B. K. Cui & H. J. Li ……066
052 雅致栓孔菌 *Trametes elegans* (Spreng.) Fr. ……068
053 毛栓孔菌 *Trametes hirsuta* (Wulfen) Lloyd ……070
054 大栓孔菌 *Trametes maxima* (Mont.) A. David & Rajchenb. ……071
055 多带栓孔菌 *Trametes polyzona* (Pers.) Justo ……072
056 云芝 *Trametes versicolor* (L.) Lloyd ……074
057 冷杉附毛孔菌 *Trichaptum abietinum* (Pers.) Ryvarden ……076

鸡油菌

058 黄绿鸡油菌 *Cantharellus luteolus* Ming Zhang, C. Q. Wang & T. H. Li ……078

伞菌

059 白脐凸蘑菇 *Agaricus alboumbonatus* R. L. Zhao & B. Cao ……082
060 番红花蘑菇 *Agaricus crocopeplus* Berk. & Broome ……083
061 近变红蘑菇（参照种）*Agaricus* cf. *subrufescens* Peck ……084
062 蘑菇属种类（1）*Agaricus* sp. 1 ……085
063 蘑菇属种类（2）*Agaricus* sp. 2 ……086
064 蘑菇属种类（3）*Agaricus* sp. 3 ……087
065 致命鹅膏 *Amanita exitialis* Zhu L. Yang & T. H. Li ……088
066 小托柄鹅膏 *Amanita farinosa* Schwein. ……090
067 拟灰花纹鹅膏 *Amanita fuligineoides* P. Zhang & Zhu L. Yang ……092
068 欧氏鹅膏 *Amanita oberwinkleriana* Zhu L. Yang & Yoshim. Doi ……094
069 卵孢鹅膏 *Amanita ovalispora* Boedijn ……096
070 土红鹅膏 *Amanita rufoferruginea* Hongo ……098
071 绒毡鹅膏 *Amanita vestita* Corner & Bas ……100
072 铅绿褶菇 *Chlorophyllum molybdites* (G. Mey.) Massee ……102
073 小杯伞属种类 *Clitocybula* sp. ……104
074 皱波斜盖伞 *Clitopilus crispus* Pat. ……105
075 近杯伞状斜盖伞 *Clitopilus subscyphoides* W. Q. Deng, T. H. Li & Y. H. Shen ……106
076 驼背拟金钱菌 *Collybiopsis gibbosa* (Corner) R. H. Petersen ……107
077 白小鬼伞 *Coprinellus disseminatus* (Pers.) J. E. Lange ……108
078 家园小鬼伞（参照种）*Coprinellus* cf. *domesticus* (Bolton) Vilgalys et al. ……110
079 拟鬼伞属种类（1）*Coprinopsis* sp. 1 ……111
080 拟鬼伞属种类（2）*Coprinopsis* sp. 2 ……112
081 丝膜菌属种类（1）*Cortinarius* sp. 1 ……113
082 丝膜菌属种类（2）*Cortinarius* sp. 2 ……114

083 丝膜菌属种类（3）*Cortinarius* sp. 3 ······115
084 靴耳属种类 *Crepidotus* sp. ······116
085 柔黄粉褶蕈（参照种）*Entoloma* cf. *flavovelutinum* O. V. Morozova et al. ······117
086 近江粉褶蕈 *Entoloma omiense* (Hongo) E. Horak ······118
087 粉褶蕈属种类 *Entoloma* sp. ······119
088 老伞属种类 *Gerronema* sp. ······120
089 陀螺老伞 *Gerronema strombodes* (Berk. & Mont.) Singer ······121
090 变色龙裸伞 *Gymnopilus dilepis* (Berk. & Broome) Singer ······122
091 火焰裸伞 *Gymnopilus igniculus* Deneyer, P.-A. Moreau & Wuilb. ······124
092 褐细裸脚伞 *Gymnopus brunneigracilis* (Corner) A. W. Wilson et al. ······125
093 梅内胡裸脚伞 *Gymnopus menehune* Desjardin et al. ······126
094 稀少裸脚伞变细变种 *Gymnopus nonnullus* var. *attenuatus* (Corner) A. W. Wilson, Desjardin & E. Horak ······127
095 凸盖黏滑菇（参照种）*Hebeloma* cf. *lactariolens* (Clémençon & Hongo) B. J. Rees & Orlovich ······128
096 华丽海氏菇 *Heinemannomyces splendidissimus* Watling ······129
097 蜡伞属种类 *Hygrophorus* sp. ······130
098 卵孢长根菇 *Hymenopellis raphanipes* (Berk.) R. H. Petersen ······131
099 双色蜡蘑（参照种）*Laccaria* cf. *bicolor* (Maire) P. D. Orton ······132
100 漏斗香菇 *Lentinus arcularius* (Batsch) Zmitr. ······133
101 翘鳞香菇 *Lentinus squarrosulus* Mont. ······134
102 花脸香蘑 *Lepista sordida* (Schumach.) Singer ······136
103 滴泪白环蘑 *Leucoagaricus lacrymans* (T. K. A. Kumar & Manim.) Z. W. Ge & Zhu L. Yang ······138
104 纯黄白鬼伞 *Leucocoprinus birnbaumii* (Corda) Sing. ······139
105 白垩白鬼伞 *Leucocoprinus cretaceus* (Bull.) Locq. ······140
106 易碎白鬼伞 *Leucocoprinus fragilissimus* (Ravenel ex Berk. & M. A. Curtis) Pat. ······141
107 洛巴伊大口蘑 *Macrocybe lobayensis* (R. Heim) Pegler & Lodge ······142
108 半焦微皮伞 *Marasmiellus epochnous* (Berk. & Broome) Singer ······144
109 竹生形小皮伞 *Marasmius bambusiniformis* Singer ······146
110 竹生小皮伞（参照种）*Marasmius* cf. *bambusinus* Fr. ······147
111 土黄小皮伞（参照种）*Marasmius luteolus* Berk. & M. A. Curtis ······148
112 淡赭色小皮伞 *Marasmius ochroleucus* Desjardin & E. Horak ······149
113 素贴山小皮伞 *Marasmius suthepensis* Wannathes, Desjardin & Lumyong ······150
114 小皮伞属种类 *Marasmius* sp. ······151
115 灰褐铦囊蘑（参照种）*Melanoleuca* cf. *griseobrunnea* Antonín, Ďuriška & Tomšovský ······152
116 大变红小蘑菇 *Micropsalliota megarubescens* R. L. Zhao et al. ······153

117 极小小蘑菇 *Micropsalliota pusillissima* R. L. Zhao et al.······154
118 新假革耳 *Neonothopanus nambi* (Speg.) R. H. Petersen & Krisai······155
119 热带小奥德蘑 *Oudemansiella canarii* (Jungh.) Höhn.······156
120 纤毛革耳 *Panus ciliatus* (Lév.) T. W. May & A. E. Wood······157
121 巨大侧耳 *Pleurotus giganteus* (Berk.) Karun. & K. D. Hyde······158
122 菌核侧耳 *Pleurotus tuber-regium* (Fr.) Singer······160
123 狮黄光柄菇 *Pluteus leoninus* (Schaeff.) P. Kumm.······161
124 黄盖小脆柄菇 *Psathyrella candolleana* (Fr.) Maire······162
125 小脆柄菇属种类 *Psathyrella* sp.······163
126 丁香假小孢伞 *Pseudobaeospora lilacina* X. D. Yu, Ming Zhang & S. Y. Wu······164
127 毛伏褶菌（参照种）*Resupinatus* cf. *trichotis* (Pers.) Singer······165
128 印度瘦脐菇 *Rickenella indica* K. P. D. Latha & Manim.······166
129 臭黄菇（参照种）*Russula* cf. *foetens* Pers.······167
130 日本红菇 *Russula japonica* Hongo······168
131 裂褶菌 *Schizophyllum commune* Fr.······170
132 间型鸡㙡 *Termitomyces intermedius* Har. Takah. & Taneyama······172
133 小果鸡㙡 *Termitomyces microcarpus* (Berk. & Broome) R. Heim······174
134 小孢四角孢伞 *Tetrapyrgos parvispora* Honan & Desjardin······176
135 雪白草菇 *Volvariella nivea* T. H. Li & Xiang L. Chen······177

牛肝菌

136 柯氏波纹菇 *Meiorganum curtisii* (Berk.) Singer，J. García & L. D. Gómez······180
137 褐丛毛圆孔牛肝菌 *Gyroporus brunneofloccosus* T. H. Li, W. Q. Deng & B. Song······181
138 青木氏小绒盖牛肝菌 *Parvixerocomus aokii* (Hongo) G. Wu, N. K. Zeng & Zhu L. Yang······182
139 疸黄粉末牛肝菌 *Pulveroboletus icterinus* (Pat. & C. F. Baker) Watling······183
140 灰紫粉孢牛肝菌 *Tylopilus griseipurpureus* (Corner) E. Horak······184
141 黄盖臧氏牛肝菌 *Zangia citrina* Yan C. Li & Zhu L. Yang······185

腹菌

142 头状秃马勃 *Calvatia craniiformis* (Schwein.) Fr.······188
143 锐棘秃马勃 *Calvatia holothurioides* Rebriev······189
144 隆纹黑蛋巢菌 *Cyathus striatus* (Huds.) Willd.······190
145 木生地星 *Geastrum mirabile* Mont.······191
146 绒皮地星 *Geastrum velutinum* Morgan······192
147 竹林蛇头菌 *Mutinus bambusinus* (Zoll.) E. Fisch.······193
148 变黄竹荪 *Phallus lutescens* T. H. Li, T. Li & W. Q. Deng······194

149 豆马勃 *Pisolithus arhizus* (Scop.) Rauschert ······ 196
150 云南硬皮马勃 *Scleroderma yunnanense* Y. Wang ······ 197
151 黄硬皮马勃 *Scleroderma sinnamariense* Mont. ······ 198
152 黄褐硬皮马勃 *Scleroderma xanthochroum* Watling & K. P. Sims ······ 199

大型黏菌

153 黄垂网菌 *Arcyria obvelata* (Oeder) Onsberg ······ 202
154 小粉瘤菌 *Lycogala exiguum* Morgan ······ 203
155 锈发网菌 *Stemonitis axifera* (Bull.) T. Macbr. ······ 204

参考文献 ······ 205
中文名索引 ······ 208
拉丁学名索引 ······ 211

子囊菌

001 小孢盘菌

Acervus epispartius (Berk. & Broome) Pfister

子实体直径 1 ～ 3 cm，幼时杯状，边缘内卷，渐平展成不规则盘状至碟状，无柄，边缘外展到外卷，后期子实体会自溶，黄色至橙黄色，表面平滑。子囊密生于子囊盘上，近圆柱形，每个子囊有 8 个子囊孢子。子囊孢子 6 ～ 7 μm× 3.5 ～ 4 μm，椭圆形至阔椭圆形，两端钝圆，表面光滑，无色。

生境｜夏秋季单生或群生于林中落叶层下富含腐殖质的地上。

引证标本｜ GDGM 86159，2021 年 6 月 30 日邓旺秋、李挺采集于广东省中山市田心公园。

用途与讨论｜食药用性未明。

002 启迪轮层炭壳

Daldinia childiae J. D. Rogers & Y. M. Ju

子实体直径 2 ～ 3 cm，扁球形，无柄，光滑，初暗褐色，后黑色。外子座薄而脆，暗褐色，内子座暗褐色至黑色，纤维质，切面有同心环纹。子囊壳单层排列，椭圆形至棒形，子囊未见。子囊孢子 12 ～ 18 μm×6 ～ 8 μm，不规则椭圆形，光滑，暗褐色，有微细芽缝。

生境｜单生于阔叶树腐木或树皮上。

引证标本｜ GDGM 86984，2021 年 8 月 25 日黄浩、钟国瑞采集于广东省中山市五桂山。

用途与讨论｜食药用性未明。

003 层炭壳属种类

Daldinia sp.

子座直径 2 ～ 8 cm，高 2 ～ 6 cm，扁球形至不规则土豆形，多群生或相互连接，初褐色至暗紫红褐色，后黑褐色至黑色，近光滑，光滑处常反光，成熟时出现不明显的子囊壳孔口。子座内部炭质，剖面有黑白相间或几乎全黑色至紫蓝黑色的同心环纹，遇氢氧化钾溶液会褪色。子囊壳埋生于子座外层，往往有点状的小孔口。

生境｜生于阔叶树腐木和腐树皮上。

引证标本｜ GDGM 79084，2020 年 4 月 27 日王刚正、贺勇采集于广东省中山市浮虚山森林公园。

用途与讨论｜食药用性未明。

004 橙红二头孢盘菌

Dicephalospora rufocornea (Berk. & Broome) Spooner

子囊盘直径 1 ～ 3.5 cm，盘形至近盘形，基部有柄状基或短小的菌柄。子实层面朝上，橙红色、橙黄色至污黄色。朝下的囊盘被黄色、污黄色至近黄白色，近边缘处带橙色至橙黄色。菌柄短，淡黄色至污黄色，基部暗褐色。子囊 110 ～ 160 μm×13 ～ 16 μm，近圆柱形至近棒形，孔口遇碘液变蓝色。子囊孢子 25 ～ 46 μm×4 ～ 7.2 μm，长梭形至近圆柱形，无色，光滑，两端具透明附属物。

生境｜夏秋季生于林中腐木上。

引证标本｜ GDGM 84390，2020 年 9 月 28 日钟国瑞、李挺采集于广东省中山市树木园。

用途与讨论｜食药用性未明。

005 炭团菌属种类

Hypoxylon sp.

子实体通常呈垫状，沿基物表面呈长椭圆形至长条形，长达 20 cm，厚达 5 mm，黑色带锈褐色，常有光泽，成熟时子囊壳外表形成小瘤状凸起，多个相连。子座表层下及子囊壳间组织近木质至炭质，黑色。子囊孢子 7 ～ 11 μm×3.5 ～ 4 μm，长椭圆形至长肾形，不等边，光滑，暗褐色。

生境｜群生于阔叶树腐木上。

引证标本｜ GDGM 84326，2020 年 10 月 11 日李泰辉、李挺、黄晓晴、张嘉雯采集于广东省中山市树木园。

用途与讨论｜食药用性未明。

006 锤舌菌属种类

Leotia sp.

子囊盘直径 8 ～ 15 mm，帽状至扁半球形。子实层表面近橄榄色，有不规则皱纹。菌柄长 2 ～ 5 cm，直径 0.2 ～ 0.4 cm，近圆柱形，稍黏，黄色至橙黄色，被同色细小鳞片。

生境｜夏秋季生于阔叶林地上。

引证标本｜ GDGM 84422，2020 年 9 月 29 日钟国瑞、李挺采集于广东省中山市树木园。

用途与讨论｜经核酸序列与形态学对比，该菌与目前已知种类均有所不同，疑似新种。有待采集更多的标本进行科学考证。食药用性未明。

007 尖头线虫草

Ophiocordyceps oxycephala (Penz. & Sacc.) G. H. Sung et al.

子座高 130 ～ 150 mm，黄色，1 个或 2 个从蜂体上长出，多数不分枝，偶有二叉分枝。可育部分成熟时较粗，长度占 1/6 ～ 1/4，10 ～ 20 mm×1 ～ 2 mm，椭圆形至柱形，有不育尖端。不育菌柄细长，直径 0.8 ～ 1.5 mm，常受落叶等影响而弯曲。子囊壳 800 ～ 1 000 μm×220 ～ 300 μm，长瓶颈形，倾斜埋生。子囊 420 ～ 470 μm×4 ～ 6 μm，薄壁，无色，有子囊帽 3.5 ～ 4 μm×3 ～ 4.2 μm，近球形。子囊孢子比子囊略短，长线形，无色，成熟后易断裂形成分孢子。

生境｜秋季寄生于胡蜂科或姬蜂科昆虫的成虫上。

引证标本｜ GDGM 77066，2019 年 7 月 2 日贺勇采集于广东省中山市树木园。

用途与讨论｜可药用。

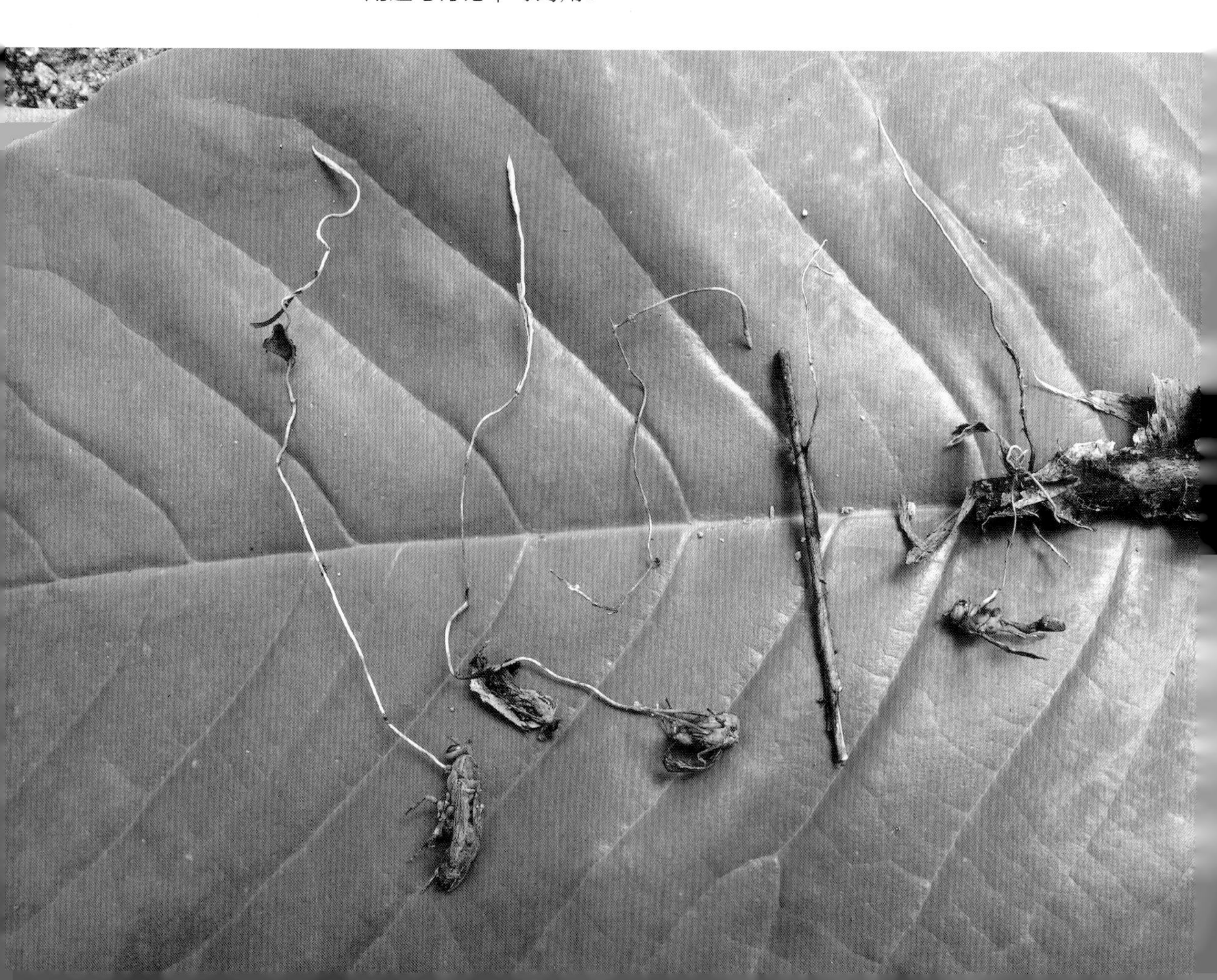

008 线虫草属种类（1）

Ophiocordyceps sp. 1

生于黄蜂的成虫体上，由多处长出，子座细长，不分枝，高 2 ～ 3 cm，黄白色、淡黄色至淡黄褐色，弯曲，未成熟。

生境｜夏秋季在双翅目昆虫黄蜂的成虫体上生出。

引证标本｜ GDGM 84383，2020 年 9 月 29 日钟国瑞、李挺采集于广东省中山市树木园。

用途与讨论｜食药用性未明。

009 线虫草属种类（2）

Ophiocordyceps sp. 2

子座长 1.3 cm，从宿主蚂蚁胸部或头部长出，单生，分叉成 2 个头部。可育头部（未成熟）长 3 mm，直径 1 ～ 2 mm，椭圆形到长倒卵形，白色。不育菌柄长 16 mm，直径 0.5 ～ 1 mm，略弯曲，黑褐色。未成熟，未见子囊壳、子囊和子囊孢子。

生境｜夏秋季生于林下带翅膀的蚂蚁成虫上。

引证标本｜ GDGM 86629，2021 年 8 月 25 日黄浩、钟国瑞采集于广东省中山市五桂山。

用途与讨论｜这形态特征与已知蚂蚁上虫草不同，疑似新种。核酸序列比较发现，它与南方线虫草 *Ophiocordyceps australis* (Speg.) G. H. Sung, J. M. Sung, Hywel-Jones & Spatafora 有较密切的亲缘关系。食药用性未明。

010 古巴炭角菌

Xylaria cubensis (Mont.) Fr.

子座高 2 ～ 6 cm，直径 0.5 ～ 1.5 cm，近棒状、圆柱形、椭圆形或扁柱形，顶端圆钝，暗褐色或黑褐色至黑色，无不育顶部。不育菌柄极短或阙如。子囊壳直径 500 ～ 800 μm，近球形至卵圆形，埋生，孔口疣状，外露。子囊 150 ～ 200 μm×8 ～ 10 μm，圆筒状，有长柄。子囊孢子 9 ～ 11 μm×4 ～ 5.5 μm，椭圆形，常不等边，偶有缝裂，单行排列，褐色至黑褐色。

生境｜单生至群生于林间倒腐木上。

引证标本｜ GDGM 84294，2020 年 10 月 10 日李泰辉、李挺、黄晓晴、张嘉雯采集于广东省中山市蒂峰山森林公园。

用途与讨论｜可药用。

011 黑柄炭角菌

Xylaria nigripes (Klotzsch) Cooke.

子座地上部分长 6 ～ 12 cm，直径 4 ～ 8 mm，通常不分枝，有时具少数分枝，棍棒形，顶部圆钝，乌黑色至黑色，新鲜时革质，干后硬木栓质至木质。可育部分表面粗糙。不育菌柄约占地上部分长度的 1/5，近光滑至稍有裂纹，地下部分常假根状，长可达 10 cm，直径可达 4 mm，弯曲，硬木质。子囊孢子 4 ～ 5 μm×2 ～ 3 μm，近椭圆形至近球形，黑色，厚壁，非淀粉质，不嗜蓝。

生境｜长于林间地上，基部常假根状，从地下腐木上长出，或与白蚁巢相连，有时地下可形成梨形的菌核。

引证标本｜ GDGM 84431，2020 年 9 月 29 日钟国瑞、李挺采集于广东省中山市树木园。

用途与讨论｜可药用。

胶质菌

012 毛木耳

Auricularia cornea Ehrenb.

子实体一年生，直径可达 15 cm，厚 0.5 ～ 1.5 mm，新鲜时耳状或贝壳形，较厚。不育面朝上，肉褐色、红褐色至黑褐色，被明显绒毛，侧背面或中部常收缩成短柄状，与基质相连。菌肉胶质，有弹性，质地稍硬，干后收缩，变硬，角质，浸水后可恢复成新鲜时的形态及质地。子实层面朝下，平滑，中部凹陷，边缘常内卷，肉褐色、近红褐色、深褐色至黑色。担孢子 11.5 ～ 13.8 μm×4.8 ～ 6 μm，腊肠形，常略弯，无色，薄壁，平滑。

生境｜夏秋季通常群生，有时单生在多种阔叶树倒木和腐木上。

引证标本｜ GDGM 71200，2019 年 4 月 16 日钟祥荣采集于广东省中山市树木园。

用途与讨论｜在中国该种曾经长期被错认为是热带的多毛木耳 *Auricularia polytricha* (Mont.) Sacc，最新研究证明它应为毛木耳。可食用、药用；可栽培。

013 桂花耳

Dacryopinax spathularia (Schwein.) G. W. Martin

子实体高 0.8 ～ 2.5 cm，柄下部直径 0.4 ～ 0.6 cm，具细绒毛，橙红色至橙黄色，基部栗褐色至黑褐色，延伸入腐木裂缝中。担子 2 分叉，2 孢。担孢子 8.8 ～ 8.9 μm×3.8 ～ 4 μm，椭圆形至肾形，无色，光滑，初期无横隔，后期形成 1 ～ 2 横隔。

生境｜春至晚秋群生或丛生于杉木等针叶树倒腐木或木桩上。

引证标本｜ GDGM 84448，2020 年 9 月 28 日钟国瑞、李挺采集于广东省中山市树木园。

用途与讨论｜可食用。

014 大链担耳

Sirobasidium magnum Boedijn

子实体胶质，小的个体近脑状，表面多皱褶，较大的个体明显具丛生长泡囊状的叶状瓣片，长 1 ～ 8 cm，宽 1 ～ 6 cm，高 1 ～ 3.5 cm，鲜时黄褐色或赤褐色，干后橙褐色至褐黑色。菌丝有锁状联合。担孢子 6 ～ 9.5 μm× 6 ～ 9 μm，球形至近球形，有小尖，稀宽过于长，无色，萌发产生再生孢子。

生境｜夏秋季生长于阔叶树倒木上，有时可彼此连接长达十数厘米。

引证标本｜ GDGM 76233，2019 年 4 月 17 日徐隽彦采集于广东省中山市逍遥谷核心区。

用途与讨论｜食药用性未明。

015 银耳

Tremella fuciformis Berk.

子实体宽4～7 cm，瓣状，常多片瓣状物长在一起，白色，透明至半透明，干时带黄色，遇湿能恢复原状，黏滑，胶质，由薄而卷曲的瓣片组成。有隔担子8～11 μm×5～7 μm，宽卵形，有2～4个斜隔膜，无色，小梗长2～5 μm，生于顶部，常弯曲，无色。担孢子直径5.4～5.6 μm，近球形，光滑，无色。菌丝直径约3.5 μm，无色，有锁状联合。

生境｜群生于阔叶树的腐木上。

引证标本｜ GDGM 71205，2019年4月16日钟祥荣采集于广东省中山市树木园。

用途与讨论｜著名食用菌和药用菌；可人工栽培。

珊瑚菌

016 栗柄锁瑚菌（参照种）

Clavulina cf. *castaneipes* (G. F. Atk.) Corner

子实体高 3 cm，珊瑚状，多分枝，总菌柄淡灰肉色到褐色，基部有白色菌丝体。分枝两侧压扁，米色、灰白色至淡灰肉色，顶端稍尖到钝，顶尖常变干且褐色。菌肉近白色，质地稍硬。担孢子 7 ～ 8 μm×6.8 ～ 7.5 μm，近球形，表面光滑。

生境｜夏秋季生于林中地上。

引证标本｜ GDGM 84479，2020 年 9 月 28 日钟国瑞、李挺采集于广东省中山市树木园。

用途与讨论｜食药用性未明。

017 脆珊瑚菌

Clavaria fragilis Holmsk

子实体高 20 ～ 60 mm，直径 2 ～ 4 mm，细长圆柱形或长梭形，顶端稍细、变尖或圆钝，直立，不分枝，白色至乳白色，老后略带黄色或黄白色，且往往先从尖端开始变浅黄色至浅灰色，脆，初期内实，后期中空。柄不明显，长 3 ～ 6 mm，直径 1.5 ～ 2.5 mm，稍带灰色。担孢子 4.4 ～ 4.9 μm×2.3 ～ 2.8 μm，长椭圆形或苹果种子形，光滑，无色。

生境｜夏秋季丛生于林中地上。

引证标本｜ GDGM 84273，2020 年 9 月 29 日钟国瑞、李挺采集于广东省中山市树木园。

用途与讨论｜食药用性未明。

018 中华丽柱衣

Sulzbacheromyces sinensis (R. H. Petersen & M. Zang) D. Liu & Li S. Wang

子实体高 20 ～ 35 mm，直径 1 ～ 2.5 mm，棒状，可育部分较宽，橘红色至橘红黄色，顶部圆钝。菌柄长 5 ～ 10 mm，直径 1 ～ 2 mm，基部与藻类相连。担孢子 6.5 ～ 8 μm×3 ～ 4 μm，椭圆形，光滑。髓部菌丝直径 3 ～ 8 μm。

生境｜夏秋季生于热带至南亚热带路边土坡上，与藻类共生。

引证标本｜ GDGM 84371，2020 年 6 月 30 日钟国瑞、李挺采集于广东省中山市树木园。

用途与讨论｜食药用性未明。

革菌

019 大黄锈革孔菌

Hymenochaete rheicolor (Mont.) Lév.

别名软锈革菌。菌体一年生，平伏反卷，单生或偶尔覆瓦状叠生，革质。菌盖外伸可达 1 cm，宽可达 4 cm，可左右相连成片，厚可达 0.4 mm，半圆形或不规则形，表面黄褐色，被绒毛，边缘锐，波状，黄褐色。子实层体黄褐色，光滑。担孢子 3 ～ 6 μm×1.7 ～ 3 μm，椭圆形，无色，薄壁，光滑，非淀粉质，不嗜蓝。

生境｜秋季生于阔叶树腐木上，可造成木材白色腐朽。

引证标本｜ GDGM 84449，2020 年 9 月 28 日钟国瑞、李挺采集于广东省中山市树木园。

用途与讨论｜食药用性未明。

020 柄杯菌属种类

Podoscypha sp.

担子果高 20 ～ 25 mm，宽 5 ～ 25 mm，基部相连，或有一个共同的基部，其一可形成多个收窄的近柄状基部，而瓣状的菌盖又可相互连接。菌盖长达 25 mm，宽达 25 mm，厚约 0.5 mm，瓣形至扇形，常左右相连至更宽，韧革质、硬革质至近角质，表面黑褐色或暗褐色至褐色，有同心环纹和辐射皱纹，被同心环纹状排列的绒毛，边缘白色、近白色、黄白色至浅褐带白色，薄，多少波状。子实层面近光滑，有辐射状皱纹及小疣状突起，粉灰褐色至灰褐色，边缘近白色、黄白色至淡黄褐色。菌柄不典型，常由菌盖收缩而成，与菌盖表面同色，基部有平伏同质的垫。孢子未观察到。

生境｜生于林中地上，附近有单子叶植物及双子叶植物的残体。

引证标本｜ GDGM 83373，2020 年 8 月 31 日李挺、邢佳慧、黄晓晴采集于广东省中山市树木园。

用途与讨论｜中山标本的同心环纹等特征与多环柄杯菌 *Podoscypha multizonata* (Berk. & Broome) Pat. 相似，但颜色较暗，个体较小，且未能观察其孢子等特征，故只能确定它是该属的一个种。食药用性未明。

021 金丝趋木革菌

Xylobolus spectabilis (Klotzsch) Boidin

子实体一年生，盖状，通常数十个至数百个菌盖覆瓦状叠生，新鲜时革质，干后硬革质。菌盖瓣状、扇形、半圆形或不规则形，从基部向边缘渐薄，单个菌盖长达 2 cm，宽达 1.5 cm，基部厚约 1 mm，表面浅黄色、黄褐色至褐色，从基部向边缘逐渐变浅，具同心环纹，密被细绒毛，边缘锐，波状，黄褐色或有一窄环状的黄白色，干后内卷。子实层体初期奶油色，后期浅黄色，平滑。菌肉薄，浅黄色，革质。担孢子 2.8 ～ 4.9 μm×1.9 ～ 2.5 μm，长椭圆形，无色，薄壁，光滑。

生境｜生长在阔叶树死树上，可引起木材白色腐朽。

引证标本｜ GDGM 84384，2020 年 9 月 28 日钟国瑞、李挺采集于广东省中山市树木园。

用途与讨论｜食药用性未明。

多孔菌

022 二年残孔菌

Abortiporus biennis (Bull.) Singer

子实体一年生，无柄，覆瓦状叠生。菌盖扇形至半圆形，外伸可达 8 cm，宽可达 9 cm，基部厚可达 10 mm，橙褐色，边缘色浅，干后带灰褐色或近黑褐色，被细绒毛。菌肉厚可达 5 mm，异质分层，上层靠近菌盖部分浅咖啡色至与盖表面同色，海绵质，下层靠近菌管部分浅木材色，木栓质。孔口每毫米 1 ～ 3 个，多角形至迷宫状或褶状，边缘薄，撕裂状，表面新鲜时浅黄色、淡橙褐色至酒红褐色，伤变暗褐色到近黑色，干后变浅灰褐色。菌管较短浅，浅木材色，长可达 5 mm。担孢子 4.5 ～ 5.2 μm×3.3 ～ 4 μm，宽椭圆形，无色，壁稍厚，光滑，非淀粉质，不嗜蓝。

生境｜夏秋季生于阔叶树各类腐木上，可造成木材白色腐朽。

引证标本｜ GDGM 75988，2019 年 4 月 17 日徐隽彦采集于广东省中山市逍遥谷核心区（五桂山）。

用途与讨论｜可药用。

023 小薄孔菌属种类

Antrodiella sp.

子实体一年生，覆瓦状叠生，革质。菌盖半圆形或扇形，外伸可达 4 cm，宽可达 10 cm，中部厚可达 13 mm，表面乳色至浅褐黄色，被细微绒毛和小疣状突起，具同心环纹或弱环沟纹，边缘薄，黄白色至近白色。孔口表面乳白色，菌孔多角形，每毫米 3 ～ 4 个，孔缘薄，全缘。不育边缘不明显，宽可达 1 mm。菌肉乳白色，厚可达 5 mm。菌管奶油色或浅乳黄色，长可达 8 mm。担孢子 4.2 ～ 5.7 μm ×1.8 ～ 2.2 μm，圆柱形，无色，薄壁，光滑，非淀粉质，不嗜蓝。

生境｜春季至秋季叠生于地下腐木上，菌盖从一共同的菌柄上长出，可造成木材白色腐朽。

引证标本｜ GDGM 82357，2020 年 7 月 21 日邢佳慧、王刚正、贺勇采集于广东省中山市小琅环森林公园。

用途与讨论｜经核酸序列与形态学对比，该菌与目前已知种类均有所不同，疑似新种。有待采集更多标本进行科学考证。食药用性未明。

024 亚黑管孔菌

Bjerkandera fumosa (Pers.) P. Karst.

子实体侧生，常平伏于基物的基部，叠生，常基部相连且菌盖左右相连。菌盖半圆形或贝壳形，从基部向外延伸 2 ～ 5 cm，宽 3 ～ 7 cm，厚 3 ～ 5 mm，灰白色、浅灰色至淡橙黄色，有灰色、灰黄色至淡橙褐色的同心环纹，有放射状细皱纹或条纹，有细绒毛，后渐光滑，盖缘薄，略内弯，常波状，幼时浅色但后期及受伤后常带灰色，干后变灰色至灰黑色，下侧有不育边缘。菌肉厚 2 ～ 4 mm，近白色至淡色，木栓质至木质。菌孔密，每毫米 4 ～ 6 个，灰奶油色、带灰色至暗灰色。菌管长 1 ～ 2 mm，与菌肉间有一黑色分界层。担孢子 4.2 ～ 5.2 μm×2.6 ～ 3.2 μm，长椭圆形至短圆柱形，薄壁，无色，非淀粉质。

生境｜叠生或群生于阔叶树腐木上。

引证标本｜ GDGM 83409，2020 年 9 月 2 日李挺、邢佳慧、黄晓晴采集于广东省中山市云梯山森林公园。

用途与讨论｜识别亚黑管孔菌时可留意其较容易变灰色的盖缘，同时具有同心环纹和辐射状皱纹的菌盖，叠生的着生方式等。该种菌管初期灰色并不明显，受伤或干后带灰色至灰色。与外国文献对该种的记载相比，广东标本的菌盖通常橙黄色较为明显，菌盖与菌孔偏小。可药用。

025 大孔集毛孔菌

Coltricia macropora Y. C. Dai

子实体一年生，具臭味。菌盖直径达 9 cm，中部厚可达 8 mm，常近圆形，有时近扇形，新鲜时橙褐色，干后土黄色，具明显的同心环纹和环沟，干后具放射状皱脊，边缘钝，新鲜时奶油色至浅黄色。菌肉厚达 2 mm，锈黄褐色至暗褐色，新鲜时木栓质，干后革质，具强烈臭味。孔口表面新鲜时浅黄色，干后土黄色至带灰白色，菌孔多角形，每毫米 1 ～ 2 个，孔缘薄，全缘。菌管长达 6 mm，颜色比菌肉略浅。菌柄偏生，黄褐色至暗褐色，光滑至略粗糙，长达 2.5 cm，直径达 12 mm。担孢子 7.2 ～ 8.5 μm×5.1 ～ 6 μm，椭圆形，浅黄色，厚壁，光滑，非淀粉质，不嗜蓝。

生境｜夏季集生于阔叶林中地上，可造成木材白色腐朽。

引证标本｜ GDGM 80506，2020 年 5 月 28 日邢佳慧、王刚正、贺勇采集于广东省中山市树木园。

用途与讨论｜食药用性未明。

026 粗糙革孔菌

Coriolopsis aspera (Jungh.) Teng

子实体一年生，无柄，覆瓦状叠生，新鲜时革质，具芳香味，干后硬革质。菌盖半圆形或扇形，外伸可达 5 cm，宽可达 10 cm，中部厚可达 1.5 cm，新鲜时暗黄褐色至铁锈色，常有暗色斑点，具明显的同心环纹，外环灰白色至淡灰色，渐向内分别为灰褐色、黄褐色、锈褐色至暗褐色等。菌肉厚达 10 mm，褐色，硬革质。孔口表面初期灰白色，具折光反应，干后肉桂褐色至暗褐色，折光反应消失，圆形至不规则形，每毫米 5 ～ 6 个，孔口边缘稍厚，全缘。不育边缘明显，宽可达 2 mm。菌管浅黄褐色，硬革质，长可达 6 mm。担孢子 9 ～ 10.3 μm×3.4 ～ 4.2 μm，圆柱形，无色，薄壁，光滑，非淀粉质，不嗜蓝。

生境｜夏秋季生于阔叶树倒木和腐木上，可造成木材白色腐朽。

引证标本｜ GDGM 76753，2019 年 7 月 2 日黄浩采集于广东省中山市树木园。

用途与讨论｜食药用性未明。

027 针孔环褶孔菌

Cyclomyces setiporus (Berk.) Pat.

子实体一年生或二年生，干后革质。菌盖半圆形至扇形，外伸可达 3 cm，宽可达 5 cm，厚可达 3 mm，表面锈褐色、红褐色至黑褐色，被微绒毛，具明显的同心环带和浅的环沟，边缘锐，有时齿裂，干后内卷。菌肉肉桂褐色，异质，层间具一黑色细线，整个菌肉层可达 1.5 mm。孔口表面肉桂褐色，多角形，每毫米 1 ～ 3 个。边缘薄，撕裂状。不育边缘明显，浅黄褐色，宽可达 1 mm。菌管黄褐色，长可达1.5 mm。担孢子3.1 ～ 4 μm×2 ～ 2.5 μm，椭圆形，无色，薄壁，光滑，通常 4 个黏结在一起，非淀粉质，弱嗜蓝。

生境｜夏秋季单生或集生于阔叶树腐木上，可造成木材白色腐朽。

引证标本｜ GDGM 84353，2020 年 10 月 12 日李泰辉、李挺、黄晓晴、张嘉雯采集于广东省中山市小琅环森林公园。

用途与讨论｜食药用性未明。

028 红贝俄氏孔菌

Earliella scabrosa (Pers.) Gilb. & Ryvarden

子实体一年生，平伏反卷至盖形，覆瓦状叠生，木栓质。菌盖半圆形，外伸可达 2 cm，宽可达 6.5 cm，中部厚可达 6 mm，表面棕褐色至漆红色，光滑，具同心环纹，边缘锐，奶油色。孔口表面白色至褐黄色，多角形至不规则形，每毫米 2 ～ 3 个。边缘厚或薄，全缘或略呈撕裂状。不育边缘奶油色至浅黄色，宽可达 2 mm。菌肉奶油色，厚可达 4 mm。菌管浅黄色，长可达 2 mm。担孢子 7 ～ 9.5 μm×3.5 ～ 4 μm，圆柱形或长椭圆形，靠近孢子梗逐渐变细，无色，薄壁，光滑，非淀粉质，不嗜蓝。

生境｜春季至秋季生于阔叶树的活树、死树、倒木、建筑木材和腐木上，可造成木材白色腐朽。

引证标本｜ GDGM 85372，2020 年 9 月 3 日李挺、邢佳慧、黄晓晴采集于广东省中山市华佗山森林公园。

用途与讨论｜可药用。

029 堆棱孔菌

Favolus acervatus (Lloyd) Sotome & T. Hatt.

菌体一年生，单生，近肉质至革质、木栓质。菌盖从基部到边缘可达 3 ～ 5 cm，厚可达 3 mm，近贝壳形至扇形，表面新鲜时白色至奶油色或淡黄灰色，干后淡褐色，边缘锐至多全缘而干后略内卷。孔口每毫米 2 ～ 4 个，表面白色至奶油色，多角形。边缘薄。菌肉厚可达 1.5 mm，新鲜时白色。菌柄长可达 2 cm，直径可达 1.5 mm，圆柱形至扁平。担孢子 8.2 ～ 9.8 µm× 2.6 ～ 3.2 µm，圆柱形，略弯曲，无色，薄壁，光滑，非淀粉质，不嗜蓝。

生境｜生于阔叶树腐木上，可造成白色腐朽。

引证标本｜ GDGM 80559，2020 年 5 月 27 日邢佳慧、王刚正、贺勇采集于广东省中山市浮虚山森林公园。

用途与讨论｜食药用性未明。

030 分隔棱孔菌

Favolus septatus J. L. Zhou & B. K. Cui

担子果一年生，单生，菌柄侧生，干燥后易碎。菌盖扇形至半圆形，靠近菌柄处略凹陷，基部至边缘长至 1.5 cm，宽至 2.5 cm，厚至 3 mm。菌盖表面干燥后浅黄褐色，光滑，无环纹，无放射状条纹，边缘锐，干燥后直生。菌孔表面干燥后黄褐色至杏黄色，角状，管壁薄，边缘整齐至撕裂。菌肉薄，干燥后米黄色。菌管颜色较菌孔表面浅，沿菌柄一侧延生，长至 3 mm。担孢子 7.5 ～ 10 μm×3 ～ 4 μm，圆柱形，少长椭圆形，无色，薄壁，光滑，常含有 1 ～ 3 个油滴，非淀粉质，无或有较弱的嗜蓝反应。

生境 | 生于阔叶树腐木上，可造成白色腐朽。

引证标本 | GDGM 85395，2021 年 5 月 7 日李泰辉、李挺、谢德春采集于广东省中山市树木园。

用途与讨论 | 食药用性未明。

031 南方灵芝

Ganoderma australe (Fr.) Pat.

子实体多年生，无柄，木栓质。菌盖半圆形，外伸可达 35 cm，宽可达 55 cm，基部厚可达 7 cm，表面锈褐色至黑褐色，具明显的环沟和环带，边缘圆钝，浅灰褐色。孔口表面灰白色至淡褐色，圆形，每毫米 4 ～ 5 个。边缘较厚，全缘。菌肉新鲜时浅褐色，干后锈褐色，厚可达 3 cm。菌管暗褐色，长可达 4 cm。担孢子 10.4 ～ 12.3 μm×4.5 ～ 5.4 μm，广卵圆形，顶端平截，淡褐色至褐色，双层壁，外壁无色、光滑，内壁具小刺，非淀粉质，嗜蓝。

生境｜春季至秋季生于多种阔叶树的活树、倒木、树桩和腐木上，可造成木材白色腐朽。

引证标本｜ GDGM 84337，2021 年 10 月 11 日李泰辉、李挺、黄晓晴、张嘉雯采集于广东省中山市树木园。

用途与讨论｜可药用。

032 热带灵芝

Ganoderma tropicum (Jungh.) Bres.

子实体一年生，无柄或具侧生短柄，干后木栓质。菌盖半圆形，外伸可达 12 cm，宽可达 16 cm，基部厚可达 2.5 cm，菌盖黄褐色至紫褐色，被一厚皮壳，具漆样光泽，边缘薄，钝，颜色变浅。孔口表面污白色至灰褐色，无折光反应，近圆形，每毫米 3 ～ 4 个。边缘厚，全缘。不育边缘明显，奶油色，宽可达 4 mm。菌肉黄褐色，厚可达 1 cm。菌柄与菌盖同色，圆柱形，长可达 3 cm，直径可达 15 mm。担孢子 8.8 ～ 10.5 μm×6.1 ～ 7.3 μm，椭圆形，顶端稍平截，褐色，双层壁，外壁光滑，无色，内壁具小刺，非淀粉质，嗜蓝。

生境｜春夏季单生或数个叠生于多种阔叶树尤其是相思树的树桩、倒木和腐木上，可造成木材白色腐朽。

引证标本｜ GDGM 78127，2019 年 8 月 23 日贺勇采集于广东省中山市三角山森林公园。

用途与讨论｜该菌具有食药用价值。

033 耸毛褐褶菌

Gloeophyllum imponens (Ces.) Teng

≡ *Hispidaedalea imponens* (Ces.) Y. C. Dai & S. H. He

子实体多年生，无柄，覆瓦状叠生，革质至木栓质。菌盖半圆形，外伸可达 12 cm，宽可达 7 cm，厚可达 0.8 cm，暗褐色，被密粗毛，粗毛长可达 0.5 cm，前段分叉，无明显同心环纹和沟纹，边缘锐。菌肉棕黄色至褐色，厚可达 0.5 cm。孔口表面暗褐色，较菌盖颜色稍浅，无折光反应，部分可裂成迷孔状、部分短褶状、长孔状至孔状，每毫米 0.5 ～ 1 个，孔缘薄，全缘。有不育边缘。菌管与孔口表面同色，长可达 2.5 cm。担孢子 8.5 ～ 12 μm× 2.5 ～ 4.5 μm，椭圆形至圆柱形，无色，薄壁，光滑，非淀粉质，不嗜蓝。

生境｜生于阔叶树腐木上，可造成木材褐色腐朽。

引证标本｜ GDGM 86988，2021 年 8 月 26 日黄浩、钟国瑞采集于广东省中山市树木园。

用途与讨论｜食药用性未明。

034 深褐褶菌

Gloeophyllum sepiarium (Wulfen) P. Karst.

子实体一年生或多年生，无柄，覆瓦状叠生，革质。菌盖扇形，外伸可达 5 cm，宽可达 15 cm，基部厚可达 7 mm，表面黄褐色至黑色，粗糙，具瘤状突起，具明显的同心环纹和环沟，边缘锐。子实层体生长活跃的区域浅黄褐色，后期金黄色或赭色，具褶状或不规则的孔状。菌褶每毫米 1 ～ 2 个，边缘略呈撕裂状，成孔状的区域每毫米 2 ～ 3 个。不育边缘明显，宽可达 2 mm。菌肉锈褐色，厚可达 3 mm。菌褶侧面灰褐色至淡褐黄色，宽可达 5 mm。担孢子 7.9 ～ 10.5 μm×3 ～ 3.7 μm，圆柱形，无色，薄壁，光滑，非淀粉质，不嗜蓝。

生境｜夏秋季生于多种针叶树的倒木上，可造成木材褐色腐朽。

引证标本｜ GDGM 85371，邢佳慧、王刚正、贺勇采集于广东省中山市小琅环森林公园。

用途与讨论｜可药用。

035 毛蜂窝孔菌

Hexagonia apiaria (Pers.) Fr.

子实体一年生或多年生，无柄，新鲜时革质，干后木栓质。菌盖半圆形或扇形，外伸可达 8 cm，宽可达 14 cm，基部厚可达 2 cm，表面新鲜时灰褐色至黄褐色，靠近基部黑褐色，干后灰黑褐色，被大量粗硬绒毛，具明显的同心环纹，边缘锐，浅黄色。孔口表面新鲜时浅灰褐色至浅黄褐色，干后黄褐色，六角形，直径可达 2 ～ 4 mm。边缘薄，全缘。菌肉黑褐色，厚可达 10 mm。菌管灰褐色，长可达 10 mm。担孢子 11 ～ 14 μm×5 ～ 6 μm，圆柱形，无色，薄壁，光滑，非淀粉质，不嗜蓝。

生境｜春季至秋季单生于多种阔叶树的枯枝、倒木和落枝上，可造成木材白色腐朽。

引证标本｜ GDGM 82461，2020 年 7 月 22 日邢佳慧、王刚正、贺勇采集于广东省中山市五桂山。

用途与讨论｜可药用。较大的蜂窝状菌孔及菌盖上大量粗硬绒毛或毛刺是其明显的识别特征。

036 薄蜂窝孔菌

Hexagonia tenuis (Hook) Fr.

子实体一年生，无柄，覆瓦状叠生，干后硬革质。菌盖半圆形、圆形或贝壳形，外伸可达 5 cm，宽可达 8 cm，中部厚可达 2 mm，表面新鲜时灰褐色，干后赭色至褐色，光滑，具明显的褐色同心环纹。孔口表面初期浅灰色，后期烟灰色至灰褐色。蜂窝状，每毫米 2 ～ 3 个。边缘薄，全缘。菌肉黄褐色，厚可达 2 mm。菌管烟灰色至灰褐色，韧革质，长可达 0.5 mm。担孢子 11 ～ 13.5 μm×4 ～ 4.5 μm，圆柱形，无色，薄壁，光滑，非淀粉质，不嗜蓝。

生境｜夏秋季生于阔叶树的倒木、落枝和储木上，可造成木材白色腐朽。

引证标本｜ GDGM 79041，2020 年 4 月 27 日王刚正、贺勇采集于广东省中山市浮虚山。

用途与讨论｜可药用。薄蜂窝孔菌是中山市较常见的大型真菌种类。

037 大白栓孔菌

Leiotrametes lactinea (Berk.) Welti & Courtec.

子实体一年生或多年生，无柄或具假柄，单生，覆瓦状。菌盖宽 1 ～ 25 cm，厚 0.5 ～ 2 cm，半圆形，基部平滑且厚，表面呈天鹅绒状，老后成疣状，根部尤为明显，表面白色至奶白色，边缘呈楔形，有时具不明显的同心圆，呈灰色。菌孔长 6 ～ 12 mm，奶白色，较密，颜色较盖面深，每毫米 2 ～ 3 个。菌肉厚 5 ～ 20 mm，有时可达 60 mm，白色，质地较软。担孢子 5 ～ 7 μm×2.5 ～ 3 μm，椭圆形至圆筒状，透明，壁薄。

生境｜夏秋季生于倒木、腐木上，可造成树木腐烂。

引证标本｜ GDGM 85423，2021 年 5 月 9 日李泰辉、李挺、谢德春采集于广东省中山市田心公园。

用途与讨论｜食药用性未明。

038 近缘小孔菌

Microporus affinis (Blume & T. Nees) Kuntze

子实体一年生，具侧生柄或几乎无柄，木栓质。菌盖半圆形，外伸可达 5 cm，宽可达 8 cm，基部厚可达 5 mm，表面淡黄色至黑色，具明显的环纹和环沟。孔口表面新鲜时白色至奶油色，干后淡黄色至赭石色，圆形，每毫米 7 ～ 9 个。边缘薄，全缘。菌肉干后淡黄色，厚可达 4 mm。菌管与孔口表面同色，长可达 2 mm。菌柄暗褐色至褐色，光滑，长可达 2 cm，直径可达 6 mm。担孢子 3.5 ～ 4.5 μm×1.8 ～ 2 μm，短圆柱形至腊肠形，无色，薄壁，光滑，非淀粉质，不嗜蓝。

生境｜春季至秋季群生于阔叶树倒木或落枝上，可造成木材白色腐朽。

引证标本｜ GDGM 85394，2021 年 5 月 7 日李泰辉、李挺、谢德春采集于广东省中山市树木园。

用途与讨论｜食药用性未明。

039 黄褐小孔菌

Microporus xanthopus (Fr.) Kuntze

子实体一年生，具中生柄，韧革质。菌盖圆形至漏斗形，直径可达 8 cm，中部厚可达 5 mm，表面新鲜时浅黄褐色至黄褐色，具同心环纹，边缘锐，浅褐黄色，波状，有时撕裂。孔口表面新鲜时白色至奶油色，干后淡赭石色，多角形，每毫米 8 ～ 10 个。边缘薄，全缘。不育边缘明显，宽可达 1 mm。菌肉干后淡褐黄色，厚可达 3 mm。菌管与孔口表面同色，长可达 2 mm。菌柄具浅黄褐色表皮，光滑，长可达 2 cm，直径可达 2.5 mm。担孢子 8.9 ～ 9.6 μm× 5.7 ～ 6.2 μm，短圆柱形，略弯曲，无色，薄壁，光滑，非淀粉质，不嗜蓝。

生境｜春季至秋季单生或群生于阔叶树倒木上，可造成木材白色腐朽。

引证标本｜ GDGM 80503，2020 年 5 月 29 日邢佳慧、王刚正、贺勇采集于广东省中山市小琅环森林公园。

用途与讨论｜食药用性未明。

040 紫褐黑孔菌

Nigroporus vinosus (Berk.) Murrill

子实体一年生，无柄，覆瓦状叠生，革质。菌盖长达 4 ～ 20 cm，扁平或凹陷，半圆形或肾形，幼时表面毡状或布满天鹅绒毛，老后渐光滑，干燥，橙褐色至紫褐色，有时带有同心圆状的纹理，菌盖边缘粉红色至褐色，较薄。菌孔每毫米 7 ～ 8 个，幼时粉紫色至粉褐色，老后栗褐色或黑色。菌肉较薄，粉紫色，伤不变色。担孢子 3 ～ 4 μm×1.5 ～ 2 μm，圆柱状，表面光滑。

生境｜夏秋季生于阔叶树腐木上。

引证标本｜ GDGM 86633，2021 年 8 月 26 日黄浩、钟国瑞采集于广东省中山市树木园。

用途与讨论｜食药用性未明。

041 白蜡多年卧孔菌

Perenniporia fraxinea (Bull.) Ryvarden

子实体一年生，覆瓦状叠生，木栓质。菌盖半圆形至近圆形，外伸可达 8 cm，宽可达 12 cm，基部厚可达 2 cm，表面浅黄褐色至红褐色或污褐色，粗糙至光滑，具同心环纹或沟纹，边缘较薄，锐或钝。菌肉浅黄褐色，厚可达 10 mm。孔口表面新鲜时奶油色至近白色，无折光反应，菌孔圆形，每毫米 7 ～ 8 个，孔缘厚，全缘。菌管与菌肉同色，长可达 10 mm。担孢子 5.2 ～ 6.1 μm×4.6 ～ 5.2 μm，宽椭圆形至近球形，无色，厚壁，光滑，拟糊精质，嗜蓝。

生境｜生于多种阔叶树的腐木上，可造成木材白色腐朽。

引证标本｜ GDGM 86641，2021 年 8 月 26 日黄浩、钟国瑞采集于广东省中山市树木园。

用途与讨论｜可药用。

042 白赭多年卧孔菌

Perenniporia ochroleuca (Berk.) Ryvarden

子实体多年生，无柄，革质至木栓质。菌盖近圆形或马蹄形，外伸可达 1.5 cm，宽可达 2 cm，厚可达 10 mm，表面奶油色至黄褐色，具明显的同心环带；边缘钝，颜色浅。孔口表面乳白色至土黄色，无折光反应，近圆形，每毫米 5 ～ 6 个。边缘厚，全缘。不育边缘较窄，宽可达 0.5 mm。菌肉土黄褐色，厚可达 4 mm。菌管与孔口表面同色，长可达 6 mm。担孢子 9 ～ 12 μm× 5.5 ～ 7.9 μm，椭圆形，顶部平截，无色，厚壁，光滑，拟糊精质，嗜蓝。

生境｜夏秋季生于阔叶林中倒木上，可造成白色腐朽。

引证标本｜ GDGM 86618，2021 年 8 月 24 日黄浩、钟国瑞采集于广东省中山市五桂山。

用途与讨论｜食药用性未明。

043 桑多孔菌（参照种）

Polyporus cf. *mori* (Pollini) Fr.

担子果一年生，单生。菌盖扇形至圆形，长至 10 cm，厚至 1.2 cm，表面新鲜时奶油色至米黄色，干燥后呈浅褐色，表面覆有褐色至红褐色的鳞片，无环纹，边缘锐，新鲜时直生至稍内卷，干燥后内卷。菌孔表面新鲜时白色至奶油色，干燥后呈米黄色至浅褐色或橘褐色，角形，每毫米 0.5 ～ 2 个，管壁薄，撕裂。菌肉新鲜时白色，肉质至肉革质，干燥后奶油色至米黄色，厚至 0.5 cm，硬或易碎。菌管颜色与菌孔表面相同，延生，干燥后极易碎，长至 1 cm。菌柄中生至侧生，圆柱形，实心，基部覆有黑色外壳，覆有绒毛，长至 5 cm，直径 3 cm。孢子 6.5 ～ 9.5 μm×3.5 ～ 5.1 μm，肾形。

生境｜夏秋季生于林中腐木上，可造成木材白色腐朽。

引证标本｜ GDGM 80252，2020 年 5 月 27 日邢佳慧、王刚正、贺勇采集于广东省中山市浮虚山森林公园。

用途与讨论｜食药用性未明。

044 三河多孔菌

Polyporus mikawai Lloyd

子实体一年生，具柄或似有柄，单生或聚生，木栓质。菌盖扇形或近圆形，中部下凹或呈漏斗形，直径可达 8 cm，中部厚可达 0.3 cm，表面淡黄色至土黄色，光滑，具不明显的辐射状条纹，边缘锐，波浪状并撕裂，黄褐色，稍内卷。孔口表面淡黄色至黄褐色，圆形至椭圆形，每毫米 3 ～ 4 个。边缘薄，全缘至撕裂状。不育边缘几乎无。菌肉白色，厚可达 2 mm。菌管淡黄色，长可达 1 mm。菌柄黄色，长可达 3 cm，直径可达 8 mm。担孢子 9.2 ～ 10.2 μm × 3.2 ～ 4 μm，圆柱形，薄壁，光滑，非淀粉质，不嗜蓝。

生境｜夏秋季生于阔叶树落枝上，可造成木材白色腐朽。

引证标本｜ GDGM 80449，2020 年 5 月 27 日邢佳慧、王刚正、贺勇采集于广东省中山市浮虚山森林公园。

用途与讨论｜食药用性未明。

045 血红密孔菌

Pycnoporus sanguineus (L.) Murrill

子实体一年生，革质。菌盖扇形、半圆形或肾形，外伸可达 3 cm，宽可达 5 cm，基部厚可达 1.5 cm，表面新鲜时浅红褐色、锈褐色至黄褐色，后期褪色，干后颜色几乎不变，边缘锐，颜色较浅，有时波状。孔口表面新鲜时砖红色，干后颜色几乎不变，近圆形，每毫米 5 ～ 6 个。边缘薄，全缘。不育边缘明显，杏黄色，宽可达 1 mm。菌肉浅红褐色，厚可达 13 mm。菌管红褐色，长可达 2 mm。担孢子 3.6 ～ 4.4 μm×1.7 ～ 2 μm，长椭圆形至圆柱形，无色，薄壁，光滑，非淀粉质，不嗜蓝。

生境｜夏秋季单生或簇生于多种阔叶树的树桩、倒木和腐木上，可造成木材白色腐朽。

引证标本｜GDGM 85420，2021 年 5 月 9 日李泰辉、李挺、谢德春采集于广东省中山市田心公园。

用途与讨论｜可药用。

046 谦逊迷孔菌

Ranadivia modesta (Kunze ex Fr.) Zmitr.

子实体一年生，无柄，韧革质。菌盖半圆形，贝壳状，外伸可达 3 cm，宽可达 5 cm，厚可达 3 mm，表面褐黄色至粉黄色，光滑，基部具明显奶油色增生物，具明显的同心环带，边缘锐，奶油色，波纹状。孔口表面乳白色至土黄色，近圆形，每毫米 5 ～ 6 个。全缘，边缘厚。不育边缘明显，奶油色，宽可达 1.5 mm。菌肉浅木材色，厚可达 1.5 mm。菌管与孔口表面同色，长可达 0.5 mm。担孢子 3 ～ 4 μm×2 ～ 2.2 μm，椭圆形，无色，薄壁，光滑，非淀粉质，不嗜蓝。

生境｜春季至秋季覆瓦状叠生于阔叶树倒木上，可造成木材褐色腐朽。

引证标本｜ GDGM 84385，2020 年 9 月 28 日钟国瑞、李挺采集于广东省中山市树木园。

用途与讨论｜食药用性未明。

047 线条硬孔菌

Rigidoporus lineatus (Pers.) Ryvarden

子实体一年生，单生至覆瓦状叠生，无柄或近有柄。菌盖壳形或扇形至匙形，具同心环沟纹，粉浅褐色至红褐色且被绒毛，后变木头色或暗褐色且无毛，具放射状条纹。菌孔表面亮橘红色，菌孔圆形至角形，每毫米 6 ～ 9 个。菌管较暗色。菌肉白色至木头色。菌丝单系，生殖菌丝无扣子体，薄壁，无色至金色，达 8 μm 宽。担孢子 4 ～ 5.4 μm×3.8 ～ 4.7 μm，近球形至球形，无色至黄色，薄壁且表面平滑，无类淀粉反应。

生境丨单生至覆瓦状叠生于阔叶林腐木上。

引证标本丨 GDGM 80513，2020 年 5 月 28 日邢佳慧、王刚正、贺勇采集于广东省中山市树木园。

用途与讨论丨食药用性未明。

048 小孔血芝

Sanguinoderma microporum Y. F. Sun & B. K. Cui

子实体一年生，具偏生或中生柄，干后木质。菌盖半圆形至扇形，外伸可达 10 cm，宽可达 12 cm，基部厚可达 1.1 cm，表面灰褐色至黑褐色，干后黑褐色，具同心环沟和放射状皱纹。孔口表面乳白色，触摸后迅速变为血红色，近圆形，每毫米 5 ～ 7 个。边缘薄，全缘。不育边缘窄至几乎无。菌肉干后黑色，木栓质，上表面形成一硬皮壳，厚可达 5 mm。菌管干后黑色，木栓质，长可达 6 mm。菌柄与菌盖同色，圆柱形。担孢子 9 ～ 11 μm×8 ～ 9.5 μm，广椭圆形，浅褐色，双层壁，外壁光滑，无色，内壁具小刺，非淀粉质，弱嗜蓝。

生境｜春夏季生长于阔叶树的活立木基部。

引证标本｜ GDGM 86150，2021 年 6 月 30 日邓旺秋、李挺采集于广东省中山市树木园。

用途与讨论｜与皱血芝 *Sanguinoderma rugosum* (Blume & T. Nees) Y. F. Sun. D. H. Costa & B. K. Cui 混杂使用。可药用。

049 皱血芝

Sanguinoderma rugosum (Blume & T. Nees) Y. F. Sun, D. H. Costa & B. K. Cui

≡ *Amauroderma rugosum* (Blume & T. Nees) Torrend

子实体一年生，具中生柄，干后木栓质。菌盖近圆形，外伸可达 7.5 cm，宽可达 8.5 cm，厚可达 1 cm，表面灰褐色至褐色，具明显的纵皱和同心环纹，中心部分凹陷，无光泽，边缘深褐色，波浪状，内卷。孔口表面新鲜时灰白色，触摸后变为血红色，干后变为黑色，近圆形至多角形，每毫米 6 ～ 7 个。边缘厚，全缘。菌肉褐色至深褐色，厚可达 4 mm。菌管褐色至深褐色，长可达 6 mm。菌柄与菌盖同色，外被一层皮壳，圆柱形，光滑，中空，长可达 7.5 cm，直径可达 1 cm。担孢子 9.5 ～ 11.5 μm×8 ～ 9.5 μm，宽椭圆形至近球形，双层壁，外壁无色，光滑，内壁深褐色，具小刺，非淀粉质，嗜蓝。

生境｜春季至秋季单生或群生于阔叶林中地上或腐木上，可造成木材白色腐朽。

引证标本｜ GDGM 77638，2019 年 8 月 28 日贺勇采集于广东省中山市树木园。

用途与讨论｜可药用。

050 竹生干腐菌

Serpula dendrocalami C. L. Zhao

子实体一年生，覆瓦状叠生，肉质至软木栓质。菌盖扇形至不规则圆形，外伸可达3 cm，宽可达5 cm，基部厚可达5 mm，表面奶油色至浅黄色，粗糙。子实层黄褐色，皱孔状至网纹褶状，近中央部分绝大多数褶厚，边缘褶较小。不育边缘明显，新鲜时白色，干后浅黄色。菌肉浅奶油色，软木质至海绵质，厚可达 4 mm。担孢子 4.8 ～ 5.8 μm×2.7 ～ 4.4 μm，近球形，亮黄色，厚壁，光滑，非淀粉质，嗜蓝。

生境｜夏秋季生于竹子根部，可造成木材褐色腐朽。

引证标本｜ GDGM 86991，2021 年 8 月 26 日黄浩、钟国瑞采集于广东省中山市树木园。

用途与讨论｜食药用性未明。

GDGM86991

051 拟囊状体栓孔菌

Trametes cystidiolophora B. K. Cui & H. J. Li

担子果一年生，覆瓦状叠生，新鲜时无臭无味，干后木栓质，质量明显减轻。菌盖半圆形至扇形，单个菌盖长达 4.2 cm，宽可达 7.3 cm，基部厚可达 7 mm，表面浅灰褐色至肉桂色，光滑，具有明显的同心环带和径向纹理，边缘锐，波浪状，完整或撕裂，老后向下弯曲。孔口表面初期奶油色至浅黄色。边缘明显或不明显，奶油色至白色。担孢子 6 ～ 9 μm×2.4 ～ 3 μm，圆柱形，稍微弯曲，无色，薄壁，光滑。

生境｜春季至秋季单生于阔叶树倒木和腐木上，可造成木材腐朽。

引证标本｜ GDGM 86070，2021 年 6 月 30 日邓旺秋、李挺采集于广东省中山市树木园。

用途与讨论｜食药用性未明。

052 雅致栓孔菌

Trametes elegans (Spreng.) Fr.

菌体硬革质。菌盖长可达 15 cm，宽可达 12 cm，半圆形，中部厚可达 1.5 cm，表面白色至浅灰白色，基部具瘤状突起，边缘锐，全缘，与菌盖同色。孔口每毫米 2 ～ 3 个，表面奶油色至浅黄色，多角形至迷宫状，放射状排列。边缘薄或厚，全缘。不育边缘宽可达 2 mm，奶油色。菌肉厚可达 9 mm，乳白色。菌管长可达 6 mm，奶油色。担孢子 4.9 ～ 6.2 μm×2 ～ 2.9 μm，长椭圆形，无色，薄壁，光滑，非淀粉质，不嗜蓝。

生境｜春季至秋季单生于阔叶树的倒木和腐木上，可造成木材白色腐朽。

引证标本｜ GDGM 86152，2021 年 6 月 30 日邓旺秋、李挺采集于广东省中山市树木园。

用途与讨论｜可药用。

053 毛栓孔菌

Trametes hirsuta (Wulfen) Lloyd

子实体一年生，覆瓦状叠生，革质。菌盖半圆形或扇形，外伸可达 4 cm，宽可达 10 cm，中部厚可达 13 mm，表面乳色至浅褐黄色，老熟部分常带青苔，青褐色，被硬毛和细微绒毛，具明显的同心环纹和环沟，边缘锐，黄褐色。孔口表面乳白色至灰褐色，多角形，每毫米 3 ～ 4 个。边缘薄，全缘。不育边缘不明显，宽可达 1 mm。菌肉乳白色，厚可达 5 mm。菌管奶油色或浅乳黄色，长可达 8 mm。担孢子 4.1 ～ 5.6 μm ×2.7 ～ 3.5 μm，圆柱形，无色，薄壁，光滑，非淀粉质，不嗜蓝。

生境｜春季至秋季生于多种阔叶树倒木、树桩和储木上，可造成木材白色腐朽。

引证标本｜ GDGM 79086，2020 年 4 月 29 日王刚正、贺勇采集于广东省中山市树木园。

用途与讨论｜可药用。

054 大栓孔菌

Trametes maxima (Mont.) A. David & Rajchenb.

担子果一年生，无柄，单生或聚生，新鲜时无味，干后木栓质，质量减轻。菌盖半圆形至扇形，单个菌盖长可达 2.5 cm，宽可达 3.4 cm，基部厚可达 2 mm，表面浅黄褐色至黄褐色，光滑，具明显的同心环纹和环沟，边缘锐，完整至稍弯曲。孔口表面浅黄色至稻草色，不育边缘不明显，孔口多角形，管口边缘薄，稍齿裂。菌肉奶油色，木栓质，不分层，靠近菌盖方向有黑色皮层，厚达 1.2 mm。菌管奶油色至浅稻草色，比孔面颜色稍浅，木栓质，长达 0.8 mm。担孢子 4.2 ～ 5.1 μm×2 ～ 2.4 μm，长椭圆形，无色，薄壁，光滑。

生境｜夏秋季生于林中腐木上。

引证标本｜ GDGM 71213，2019 年 4 月 18 日钟祥荣采集于广东省中山市云梯山森林公园水库。

用途与讨论｜食药用性未明。

055 多带栓孔菌

Trametes polyzona (Pers.) Justo

担子果一年生，无柄盖形，单生或覆瓦状叠生，新鲜时革质，无嗅无味，干后硬革质，质量明显减轻。菌盖扁平，半圆形至扇形，有时近圆形，单个菌盖长可达 4 cm，宽可达 10 cm，中部厚可达 8 mm，表面浅褐黄色、灰色、灰褐色，被绒毛，有明显的同心环带和环沟，表面常被绿色藻类。边缘锐，黄褐色。孔口圆形至多角形，表面初期乳白色，后变为乳黄色至灰褐色，具折光反应。不育边缘明显或不明显。管口边缘厚或薄，全缘。担孢子 5.3 ～ 8 μm× 2.5 ～ 3.2 μm，圆柱形，无色，薄壁，光滑。

生境｜夏秋季生于林中腐木上。

引证标本｜ GDGM 71212，2019 年 4 月 18 日钟祥荣采集于广东省中山市云梯山森林公园水库。

用途与讨论｜食药用性未明。

056 云芝

Trametes versicolor (L.) Lloyd

子实体一年生，覆瓦状叠生，革质。菌盖半圆形，外伸可达 8 cm，宽可达 10 cm，中部厚可达 0.5 cm，表面颜色变化多样，淡黄色至蓝灰色，被细密绒毛，具同心环带，边缘锐。孔口表面奶油色至烟灰色，多角形至近圆形，每毫米 4 ～ 5 个。边缘薄，撕裂状。不育边缘明显，宽可达 2 mm。菌肉乳白色，厚可达 2 mm。菌管烟灰色至灰褐色，长可达 3 mm。担孢子 4.1 ～ 5.3 μm× 1.8 ～ 2.2 μm，圆柱形，无色，薄壁，光滑，非淀粉质，不嗜蓝。

生境｜群生或叠生于林中倒木或腐木上。

引证标本｜ GDGM 84335，2020 年 10 月 11 日李泰辉、李挺、黄晓晴、张嘉雯采集于广东省中山市树木园。

用途与讨论｜可药用，可辅助治疗肝病。

057 冷杉附毛孔菌

Trichaptum abietinum (Pers.) Ryvarden

子实体一年生，平伏至具明显菌盖，覆瓦状叠生，革质，平伏时长可达 20 cm，宽可达 10 cm，厚可达 2 mm。菌盖半圆形或扇形，外伸可达 4 cm，宽可达 6 cm，厚可达 2 mm，表面灰色至灰黑色，被细绒毛，具明显的同心环带，边缘锐，干后内卷。孔口表面紫色至赭色。边缘薄，撕裂状。不育边缘不明显。子实层体初期孔状，多角形，后期渐撕裂，齿状，每毫米 3 ～ 5 个。菌肉异质，上层灰白色，下层褐色，厚可达 0.5 mm。菌管或齿灰褐色，长可达 1.5 mm。担孢子 5 ～ 6.5 μm×4.4 ～ 4.8 μm，圆柱形，略弯曲，无色，薄壁，光滑，非淀粉质，不嗜蓝。

生境｜春季至秋季生于针叶树的死树、倒木和树桩上，可造成木材白色腐朽。

引证标本｜ GDGM 76292，2019 年 5 月 22 日李骥鹏采集于广东省中山市长江库区水源林市级保护区。

用途与讨论｜可药用。

鸡油菌

058 黄绿鸡油菌

Cantharellus luteolus Ming Zhang, C. Q. Wang & T. H. Li

子实体小型，菌盖直径 1.5 ~ 3 cm，幼时中部凸镜形而边缘内卷，慢慢变为宽凸镜形或平展，中间略有凹陷，有不规则波状边缘，稍有褶皱，鲜时湿润，但很快干燥，黄色至黄褐色，中部带褐色。菌褶延生，稍密，分叉，有发达的横脉，鲜黄色或杏黄色。菌肉淡黄色至黄色，伤不变色，肉质。菌柄长 2 ~ 6 cm，直径 3 ~ 8 mm，等粗或向下变细，褐黄色或黄色，中空，基部菌丝体白色。味道温和，有杏仁清香味。担孢子 5.4 ~ 6.3 μm×3.6 ~ 4.8 μm，椭圆形，光滑，微黄色，非淀粉质。

生境｜夏秋季群生于阔叶林地上，外生菌根菌。

引证标本｜ GDGM 84399，2020 年 6 月 30 日钟国瑞、李挺采集于广东省中山市树木园。

用途与讨论｜中山的标本与阿巴拉契亚鸡油菌 *Cantharellus appalachiensis* R. H. Petersen 相似，但褐色较浅，且孢子略短，暂作它的参照种处理。可食用。

伞菌

059 白脐凸蘑菇

Agaricus alboumbonatus R. L. Zhao & B. Cao

菌盖直径5～9 cm，起初凸镜形，后渐平展，中央往往有一不明显的脐凸，表面干燥，初期浅色，成熟后为淡黄色至黄褐色，有初期较浅色、渐变深褐色的平伏鳞片。菌褶离生，密集，起初为粉红色和粉褐色，最后变成暗褐色。菌柄长 12 cm，圆柱形，棒状，空心，光滑，白色，伤时变黄色至黄褐色。菌环上位，膜质，白色，上表面光滑，下表面有絮状物。担孢子 5.5 ～ 6.2 μm×3.4 ～ 4 μm，椭圆形至卵圆形，光滑，厚壁，褐色。

生境｜夏季生于台湾相思树与其他阔叶树混交林地上。

引证标本｜ GDGM 86049，2021 年 6 月 30 日邓旺秋、李挺采集于广东省中山市树木园。

用途与讨论｜食药用性未明。

060 番红花蘑菇

Agaricus crocopeplus Berk. & Broome

菌盖直径 3 ～ 6 cm，初期近球形到半球形，后凸镜形到近平展形，具有橙黄色至橙红色长绒毛或丛毛状鳞片，边缘有菌幕残留。菌肉褐色。菌褶离生，稍密，不等长，初期淡褐色，成熟后颜色加深呈灰褐色。菌柄长 3 ～ 6 cm，直径 5 ～ 8 mm，圆柱形，菌环之下有与菌盖同色的长绒毛。菌环上位，不完整，为外菌幕残余物，与菌盖鳞片同色。担孢子 5 ～ 8 μm×3.5 ～ 4.5 μm，椭圆形至卵圆形，光滑，灰褐色。

生境｜夏秋季生于林中地上。

引证标本｜ GDGM 76888，2019 年 7 月 2 日黄浩采集于广东省中山市树木园。

用途与讨论｜番红花蘑菇与硫色蘑菇 *Agaricus trisulphuratus* (Berk.) Singer 和红鳞花边伞 *Hypholoma cinnabarinum* Teng 形态十分相似，它们之间的关系有待研究。本书暂采用发表年份最早的名字——番红花蘑菇。食药用性未明。

061 近变红蘑菇（参照种）

Agaricus cf. *subrufescens* Peck

菌盖直径 2 ～ 6 cm，凸镜形到平展中凸形，边缘有时有内菌幕的残余，表面干燥，被平伏的纤维状鳞片或纤毛，中部较密，边缘较少，中褐色到带紫褐色、带红褐色或深褐色，边缘颜色较浅。菌肉白色，肉质。菌褶离生，密集，初白色到粉红色，后褐色到深褐色。菌柄长 9 cm，圆柱形或向上渐细，基部近球茎状，常有根索，中空，表面光滑，环下或有散生小纤毛。菌环上位，膜质，悬垂，白色，老时消失。担孢子 5.1 ～ 6.3 μm×3 ～ 4 μm，椭圆形至卵形，光滑，无芽孔。

生境｜群生于林间或林边地上。

引证标本｜ GDGM 86137，2021 年 6 月 30 日邓旺秋、李挺采集于广东省中山市树木园。

用途与讨论｜本种与近变红蘑菇 *Agaricus subrufescens* Peck 在形态与核酸序列等均相当接近，但菌体与孢子都较文献记载的要小，暂作其参照种处理。食药用性未明。

062 蘑菇属种类（1）

Agaricus sp. 1

菌盖直径 3 ～ 6 cm，扁平状至伸展，污白色，成熟后常变为淡粉色，被灰色、深灰色鳞片。菌肉白色。菌褶离生，初期粉红色，后变为粉褐色。菌柄长 6 ～ 9 cm，直径 5 ～ 9 mm，圆柱形，内部菌肉黄色。菌环上位，膜质，污白色。

生境｜夏秋季生于竹林地上。

引证标本｜ GDGM 76266，2019 年 4 月 17 日钟祥荣采集于广东省中山市蒂峰公园。

用途与讨论｜经核酸序列与形态学对比，该菌与目前已知种类均有所不同，疑似新种。有待采集更多的标本进行科学考证。食药用性未明。

063 蘑菇属种类（2）

Agaricus sp. 2

菌盖直径 4 ～ 7 cm，初扁半球形至凸镜形，后凸镜形至渐平展，表面干燥，底色为淡灰褐色，密被灰褐色到棕灰褐色的平伏鳞片，中央鳞片紧密呈暗褐色，盖缘常有白色内菌幕的残留。菌褶离生，密集，不等长，起初为粉红色和粉褐色，最后变成暗褐色。菌柄圆柱形，略向下增粗，上直径约 8 mm，下直径约 12 mm，近白色，伤时变淡褐色。菌环上位，膜质，白色，易脱落。担孢子 5 ～ 6.4 μm×2.2 ～ 3.1 μm，椭圆形至卵圆形，光滑，厚壁，褐色。

生境｜生于阔叶树混交林地上。

引证标本｜ GDGM 75998，2019 年 3 月 13 日李骥鹏采集于广东省中山市田心公园。

用途与讨论｜经核酸序列与形态学对比，该菌与目前已知种类均有所不同，疑似新种。有待采集更多的标本进行科学考证。食药用性未明。

064 蘑菇属种类（3）

Agaricus sp. 3

菌盖直径 6 ～ 9 cm，凸镜形至渐平展，表面干燥，底色为近白色至灰白色，伤变粉红色或淡粉褐色，密被灰褐色小鳞片，中央鳞片紧密呈暗灰褐色，盖缘偶有少量白色内菌幕的残留。菌肉近白色，伤时变粉红色或淡粉褐色。菌褶离生，密集，不等长，起初为粉红色和粉褐色，最后变成暗褐色。菌柄长 4 ～ 7 cm，直径 7 ～ 14 mm，圆柱形，略向下增粗，近白色，伤时变淡褐色。担孢子 6 ～ 8 μm×3.3 ～ 4.3 μm，椭圆形，光滑，厚壁，褐色。

生境｜生于阔叶树混交林地上。

引证标本｜ GDGM 86625，2021 年 8 月 24 日黄浩、钟国瑞采集于广东省中山市五桂山。

用途与讨论｜食药用性未明。本种形态与紫肉蘑菇 *Agaricus porphyrizon* P.D. Orton 相似，是否一致待有更多标本研究时才能确定。

065 致命鹅膏

Amanita exitialis Zhu L. Yang & T. H. Li

菌盖直径 4 ～ 8 cm，初近半球形，后凸镜形到近平展形，白色，中央有时米色，边缘平滑。菌柄长 7 ～ 9 cm，直径 0.5 ～ 1.5 cm，白色，基部近球形，直径 1 ～ 3 cm。菌托浅杯状。菌环顶生至近顶生，膜质，白色。各部位遇 5% KOH 变为黄色。担子具 2 个小梗。担孢子 9.5 ～ 12 μm×9 ～ 11.5 μm，球形至近球形，光滑，无色，淀粉质。

生境丨春季及初夏生于黧蒴栲林中地上。

引证标本丨 GDGM 85370，2019 年 3 月张明拍摄于中山市。

用途与讨论丨该种是华南地区导致误食中毒死亡人数最多的毒菌。该菌的主要识别特征是菌体全白色、在广东基本上都是与黧蒴栲树共生，担子具 2 个小梗，而且在广东省发生的季节一般是 1 ～ 4 月份，往往比其他鹅膏菌要早。剧毒！

066 小托柄鹅膏

Amanita farinosa Schwein.

菌盖直径 3 ～ 5 cm，浅灰色至浅褐色，边缘有长棱纹，脆，老后易撕裂和破损。外菌幕不完整，粉末状，有时疣状至絮状，灰色至褐灰色。菌肉白色。菌褶白色，较密。菌柄长 5 ～ 8 cm，直径 0.3 ～ 0.6 cm，近圆柱形或向上逐渐变细，白色，基部略膨大呈近球状至卵形，有灰色至褐灰色粉状菌幕残余。菌环阙如。担孢子 6.5 ～ 8 μm×5.5 ～ 7 μm，近球形至宽椭圆形，光滑，无色，非淀粉质。

生境｜夏秋季生于阔叶林中地上。

引证标本｜ GDGM 77606，2019 年 8 月 26 日贺勇采集于广东省中山市小琅环森林公园。

用途与讨论｜菌体较小、菌托退化、菌柄基部有灰色粉末状附属物，可作识别特征。有毒。

067 拟灰花纹鹅膏

Amanita fuligineoides P. Zhang & Zhu L. Yang

菌盖中至大型，直径 7 ～ 14 cm，灰褐色、暗灰褐色至近黑色，中部色较深，具深色纤丝状隐生花纹或斑纹，边缘无沟纹。菌肉白色，味道与气味不明显。菌褶白色，短菌褶近菌柄端渐变窄。菌柄白色至淡灰色，常被灰褐色细小鳞片，基部略球茎状至近棒状。菌环顶生至近顶生，膜质，白色至淡灰色。菌托浅杯状，白色。担孢子 7.5 ～ 9.5 μm×7 ～ 8.5 μm，近球形。

生境｜夏季生于亚热带阔叶林中地上。

引证标本｜ GDGM 74747，2019 年 4 月 18 日徐隽彦采集于广东省中山市云梯山森林公园水库。

用途与讨论｜剧毒，严禁食用。

068 欧氏鹅膏

Amanita oberwinkleriana Zhu L. Yang & Yoshim. Doi

菌盖直径 3 ～ 9 cm，初半球形，渐平展，白色至淡米黄色，光滑，或具大片白色、膜质菌幕残余，湿时稍黏，边缘平滑。菌肉白色，伤不变色。菌褶离生，稍密，不等长，白色，老时可变乳白色至淡黄色，小菌褶近菌柄端渐窄。菌柄长 5 ～ 8 cm，上端直径 0.5 ～ 1.5 cm，近圆柱形或向下增粗，白色，光滑或被白色纤毛状小鳞片，内部实心至松软，白色，基部近球形，直径 1 ～ 2 cm。菌托浅杯状，白色。菌环上位，白色，膜质，表面有细沟纹。担子 30 ～ 55 μm×9 ～ 14 μm，棒状，多具 4 小梗。担孢子 7.5 ～ 9.5 μm×5.5 ～ 7 μm，椭圆形，光滑，薄壁，无色，淀粉质。

生境｜夏秋季长于壳斗科等植物林中地上。

引证标本｜ GDGM 74785，2019 年 4 月 19 日徐隽彦采集于广东省中山市蒂峰山森林公园。

用途与讨论｜南方常见毒蘑菇，“白毒伞”种类之一。毒性较强，能引起肾衰竭。

069 卵孢鹅膏

Amanita ovalispora Boedijn

菌盖直径 4 ～ 7 cm，灰色至暗灰色或灰褐色，表面平滑或偶有白色块状的外菌幕残片，边缘有长棱纹。菌肉白色，伤不变色。菌褶离生，较密，不等长，白色，干后常呈灰色或浅褐色。菌柄长 6 ～ 10 cm，直径 0.5 ～ 1.5 cm，上半部常被白色粉状鳞片。菌环阙如。菌托发达，袋状至杯状，膜质，白色至灰白色，或带泥土的颜色。担孢子 8.5 ～ 11 μm×6.5 ～ 7.5 μm，宽椭圆形至椭圆形，光滑，无色，非淀粉质。

生境｜夏秋季散生于阔叶林中地上。

引证标本｜ GDGM 83374，2020 年 8 月 31 日李挺、邢佳慧、黄晓晴采集于广东省中山市树木园；GDGM 80456，2020 年 5 月 8 日邢佳慧、王刚正、贺勇采集于广东省中山市蒂峰山森林公园。

用途与讨论｜食药用性与毒性未明。

070 土红鹅膏

Amanita rufoferruginea Hongo

菌盖直径 4 ～ 7 cm，黄褐色，常被土红色、橙橘红褐色至皮革褐色的外菌幕残余，边缘有明显的条纹或棱纹。菌肉白色，伤不变色。菌褶稍密，白色。菌柄长 7 ～ 10 cm，直径 0.5 ～ 1 cm，密被土色至锈红色粉末状鳞片，基部膨大，直径 1.5 ～ 2 cm，上半部被絮状至粉状附属物。菌环上位，膜质，下垂，极易碎。担孢子 7 ～ 9 μm×6.5 ～ 8.5 μm，近球形，光滑，无色，非淀粉质。

生境｜夏秋季散生于针阔混交林中地上。

引证标本｜ GDGM 77078，2019 年 7 月 2 日黄浩采集于广东省中山市树木园。

用途与讨论｜有毒。

071 绒毡鹅膏

Amanita vestita Corner & Bas

菌盖直径 3 ～ 5 cm，凸镜形至平展形，无沟纹及基本无条纹，被黄褐色、浅褐色至暗褐色绒状、絮状至毡状的外菌幕，中部有时有易脱落的疣状鳞片，盖缘常有暗灰色絮状附属物。菌肉白色，伤不变色。菌褶离生至近离生，白色，不等长，稍密。菌柄长 4 ～ 6 cm，直径 0.5 ～ 1 cm，近圆柱形，稍向下增粗，灰白色至灰色，被浅灰色絮状附属物或鳞片。菌柄实心，白色，基部膨大，直径 1 ～ 2 cm，近梭形，有短假根。菌环上位，易破碎脱落。担孢子 7 ～ 10.5 μm×5 ～ 7 μm，椭圆形，光滑，无色，淀粉质。

生境｜夏秋季散生于热带及南亚热带林中地上。

引证标本｜ GDGM 86626，2021 年 8 月 24 日黄浩、钟国瑞采集于广东省中山市五桂山。

用途与讨论｜食药用性未明。

072 铅绿褶菇

Chlorophyllum molybdites（G. Mey.）Massee

菌盖直径 2 ～ 8 cm，白色，半球形、扁半球形，后期近平展，中部稍突起，幼时表皮暗褐色或浅褐色，逐渐裂为鳞片，中部鳞片大而厚，边缘渐少或脱落。菌肉白色或带浅粉红色，松软。菌褶离生，宽，不等长，初期污白色，后期浅绿色至青褐色或淡青灰色，褶缘有粉粒。菌柄长 10 ～ 28 cm，直径 1 ～ 2.5 cm，圆柱形，污白色至浅灰褐色，纤维质，光滑，菌环以上光滑，菌环以下有白色纤毛，基部稍膨大，空心，菌柄菌肉伤后变褐色，干时气香。菌环上位，膜质，可移动。担孢子 8 ～ 12 μm×6 ～ 8 μm，宽卵圆形至宽椭圆形，光滑，近无色至淡青黄色，具平截芽孔。

生境｜夏秋季群生或散生，喜于雨后在草坪、蕉林地上生长。

引证标本｜因疫情影响出行未收集到标本，只有凭证照片。

用途与讨论｜该菇是华南等地引起中毒事件最多的毒蘑菇种类之一，主要引起胃肠严重不适与损伤，对肝等脏器和神经系统等也能造成损害。

073 小杯伞属种类

Clitocybula sp.

子实体小型。菌盖直径 1 ～ 2 cm，圆形至漏斗形，中央凹陷，幼时灰黄色，成熟后中央灰褐色至黑色，边缘内折，表面具有条纹，被细小鳞片。菌肉奶白色。菌褶延生，较稀，不等长。菌柄长 15 ～ 30 mm，直径 1 ～ 2 mm，圆柱状。担孢子 4 ～ 4.5 μm×3.8 ～ 4.6 μm，近圆形。

生境｜生于林中地上或腐殖质上，常伴生有苔藓。

引证标本｜ GDGM 85408，2021 年 5 月 8 日李泰辉、李挺、谢德春采集于广东省中山市五桂山。

用途与讨论｜中山的标本与开放小杯伞 *Clitocybula aperta* (Peck) Singer 的颜色等比较相似，但核酸序列与黑白小杯伞 *Clitocybula atrialba* (Murrill) Singer 更接近。疑似新种。食药用性未明。

074 皱波斜盖伞

Clitopilus crispus Pat.

子实体中型，白色。菌盖直径 2 ～ 7 cm，白色至粉白色，初凸镜形，后扁平至近平展，中央稍下陷至中凹且平滑，边缘内卷，有辐射状排列的细脊突，脊突上有丛毛状附属物呈流苏状。菌肉白色。菌褶宽 2 ～ 3 mm，延生，不等长，初期白色，后奶油色至带粉红色。菌柄长 2 ～ 6 cm，直径 0.3 ～ 1 cm，白色。担孢子 6 ～ 7.5 μm×4.5 ～ 5.5 μm，卵形、宽椭圆形至椭圆形，具 9 ～ 11 条纵棱纹，淡粉红色。

生境｜春至秋季生于竹林等林中路边土坡上或林中地上。

引证标本｜ GDGM 83381，2020 年 9 月 1 日李挺、邢佳慧、黄晓晴采集于广东省中山市小琅环森林公园。

用途与讨论｜该菌盖缘的特征相当特别，可作重要的识别特征。食药用性不明。

075 近杯伞状斜盖伞

Clitopilus subscyphoides W. Q. Deng, T. H. Li & Y. H. Shen

担子果小型、白色。菌盖直径 7 ～ 10 mm，杯状至斜杯状，中凹，平滑，边缘稍内卷。菌肉白色。菌褶延生，较密，窄，不等长，白色至带极微的肉粉红色。菌柄中生、近中生至略偏生，圆柱状，常弯曲，整体白色，实心。担孢子 5.2 ～ 7.4 μm×3.9 ～ 5 μm，具 8 ～ 10 条纵棱纹，近梭形，近无色至微粉红色。

生境｜生于林中路边土坡上或林中地上。

引证标本｜ GDGM 76235，2019 年 4 月 19 日钟祥荣采集于广东省中山市蒂峰山森林公园。

用途与讨论｜白色幼小的子实体及带纵棱的粉红孢子，可作识别特征。食药用性不明。

076 驼背拟金钱菌

Collybiopsis gibbosa (Corner) R. H. Petersen

≡ *Gymnopus gibbosus* (Corner) A.W. Wilson, Desjardin & E. Horak

菌盖直径 2 ～ 4 cm，半球形至凸镜形，表面有黄褐色绒毛，后平展至中部稍凹陷，常有不明显的小脐突，黄褐色至浅灰黄色，中部暗褐色，光滑没毛到有平伏的纤毛，稍有皱纹，边缘伸展，直，成熟时常部分略上翘，颜色略浅，常有条纹。菌褶贴生，稍密，不等长，近白色至带菌盖颜色。菌柄长 2 ～ 6 cm，直径 2 ～ 5 mm，圆柱形，近等粗，或向下略粗，纤维质，米黄色至近白色，向下变带褐色，空心。味道及气味温和。担孢子平均 8.3 μm×4.6 μm，宽椭圆形至长杏仁形，光滑，无色，非淀粉质，不嗜蓝。

生境｜生于阔叶林中落叶层或树基部地上。

引证标本｜ GDGM 80495，2020 年 5 月 28 日邢佳慧、王刚正、贺勇采集于广东省中山市树木园。

用途与讨论｜食药用性未明，可能有毒。

077 白小鬼伞

Coprinellus disseminatus (Pers.) J.E. Lange

菌体小型，极脆。菌盖直径 5 ～ 15 mm，初期卵形至钟形，后变半球形、凸镜形至平展形，幼时白至灰白色，中部带淡褐色至黄褐色，老时变灰色至灰褐色，被细小颗粒状至絮状鳞片或绒毛，边缘具长条纹。菌肉近白色，薄，极脆，味道与气味不明显。菌褶稍密，初期白色，后转为灰褐色至近黑色，成熟时不自溶或仅缓慢自溶。菌柄长 2 ～ 4 cm，直径 0.1 ～ 0.2 cm，白色至灰白色，极脆。菌环阙如。担孢子 7.3 ～ 9.6 μm×4.4 ～ 5 μm，椭圆形，光滑，淡灰褐色，顶端具芽孔。

生境｜春至秋季群生至丛生于路边、林中的腐木上或草地上，常可数十个、数百个甚至数千个蘑菇成群出现。

引证标本｜ GDGM 71226，2019 年 4 月 16 日钟祥荣采集于广东省中山市树木园。

用途与讨论｜有文献记载幼时可食，但老时可能有毒。白小鬼伞颜色变化较大，幼时白色至灰白色，老时变灰色至灰褐色，容易误认为不同的种。它常密集丛生，往往是野外菌盖个数最多的种类。

078 家园小鬼伞（参照种）

Coprinellus cf. *domesticus* (Bolton) Vilgalys et al.

菌盖直径 2 ～ 5 cm，初期卵形至钟形，后期伸展至近锥形、凸镜形，淡黄色、蜜黄色至橙褐色，向边缘颜色渐浅，幼时有褐色的颗粒状至丛毛状小鳞片，中部鳞片褐色更明显，后渐消失，有辐射状细条纹。菌褶密，初期白色至米黄色，后转为灰色至黑色，成熟时缓慢自溶。菌柄长 3 ～ 8 cm，直径 2 ～ 6 mm，圆柱形，近等粗，有时基部稍膨大，白色，具白色粉霜，后较光滑且渐变淡黄色，脆，空心，有时基部有一褐色的环状或小菌托状突檐。菌环阙如。担孢子 6 ～ 9 μm×3.5 ～ 5 μm，椭圆形，光滑，灰褐色至暗褐色，稍厚壁，顶端具平截芽孔。

生境｜春至秋季常少数几个丛生或多个群生于阔叶树腐木上。

引证标本｜ GDGM 77643，2019 年 8 月 27 日贺勇采集于广东省中山市树木园。

用途与讨论｜中山地区的标本形态上与家园小鬼伞 *Coprinellus domesticus* (Bolton) Vilgalys，Hopple & Jacq. Johnson 基本一致，但菌盖中部的小鳞片或毛比该种的一般标本略长，暂作参照种处理。有文献记载这类小型的小鬼伞幼时可食，但建议不要食用。

079 拟鬼伞属种类（1）

Coprinopsis sp. 1

菌盖直径 2 ～ 3 cm，白色，卵形至钟形，密被白色粉绒状菌幕残余。菌肉白色。菌褶离生，初期白色，后转灰色，成熟时近黑色。菌柄长 7 ～ 10 cm，直径 0.3 ～ 0.6 cm，白色至污白色，被白色粉末状鳞片，渐变光滑。菌环中位，不完整，为内菌幕残留。担子 25 ～ 35 μm×12 ～ 15 μm。担孢子 10 ～ 14 μm×7 ～ 9 μm，侧面观椭圆形，背腹观近柠檬形，光滑，近黑色，有芽孔。

生境｜生于腐木上。

引证标本｜ GDGM 79098，2020 年 4 月 27 日王刚正、贺勇采集于广东省中山市浮虚山森林公园。

用途与讨论｜食药用性未明，建议不要食用。

080 拟鬼伞属种类（2）

Coprinopsis sp. 2

子实体小型。菌盖直径 2 ～ 6 cm，褐色，肉质，初期盖表光滑，后表皮裂成白色丛毛状鳞片，并有易脱落的毛状颗粒，易消溶，边缘延伸，反卷，撕裂，且有几达中央的细条纹。菌肉初白色至褐色，后呈黑色，菌褶离生，褶缘平滑，微波状，有粗糙颗粒，后期液化为墨汁状。菌柄中生，圆柱形，长 6 ～ 20 cm，直径 2 ～ 7 mm，白带褐色，柄基杵状，有时具长假根，上有棉絮状绒毛或白色鳞片，脆骨质，空心。担孢子 8 ～ 14 μm×6 ～ 9 μm，椭圆形至柠檬形或卵形，有明显尖突。

生境｜丛生于腐木上。

引证标本｜GDGM 80546，2020 年 5 月 27 日邢佳慧、王刚正、贺勇采集于广东省中山市浮虚山森林公园。

用途与讨论｜核酸序列比较与 *Coprinopsis urticicola* (Berk. & Broome) Redhead, Vilgalys & Moncalvo 相近，但后者是一个长于草本植物上的、更为纤弱的种类。食药用性未明，建议不要食用。

081 丝膜菌属种类（1）

Cortinarius sp. 1

菌盖直径 2 ～ 6 cm，初时半球形，后凸镜形，表面干，光滑，橙褐色。菌肉近白色，较厚，菌褶较密，不等长，淡锈黄色至锈褐色。菌柄长 4 ～ 13 cm，直径 8 ～ 15 cm，向下渐粗，基部稍膨大，淡锈黄色至淡橙褐色，部分近白色，基础部有白色菌丝体，实心。担孢子平均 6.8 μm×4 μm，椭圆形至长椭圆形，粗糙有疣突，锈褐色。

生境｜夏秋季生于混交林中地上。

引证标本｜ GDGM 76013，2019 年 3 月 13 日张明采集于广东省中山市蒂峰山森林公园。

用途与讨论｜食药用性未明。

082 丝膜菌属种类（2）

Cortinarius sp. 2

菌盖直径 2 ～ 5 cm，浅黄褐色至淡紫色，菌褶浅黄褐色至肉色，离生，较密。菌柄近白色，光滑，圆柱形，向基部渐变粗，上直径约 50 mm，下直径约 90 mm。担孢子约 7.5 μm×4.4 μm，椭圆形。

生境｜生于混交林中地上。

引证标本｜ GDGM 76004，2019 年 3 月 13 日张明采集于广东省中山市蒂峰山森林公园。

用途与讨论｜本种与欧洲的 *Cortinarius croceocoeruleus* (Pers.) Fr. 比较相似，但紫色略浅。食药用性未明。

083 丝膜菌属种类（3）

Cortinarius sp. 3

菌盖直径3～10 cm，初时半球形，中部稍突起，边缘内卷，后平展，表面干，光滑，中间部位为黄褐色，稍带紫色。菌肉浅紫色，较厚，菌褶较密，初期浅紫色，后变褐色至锈褐色。菌柄长4～10 cm，直径1～2 cm，向下渐粗，基部稍膨大，上部紫色，下部淡紫色至白紫色，实心。担孢子8～11 μm×5～6.5 μm，椭圆形至长椭圆形，粗糙有疣突，锈褐色。

生境｜群生于阔叶林中地上。

引证标本｜ GDGM 85409，2021年5月8日李泰辉、李挺、谢德春采集于广东省中山市五桂山。

用途与讨论｜经核酸序列与形态学对比，该菌与目前已知种类均有所不同，疑似新种。有待采集更多的标本进行科学考证。食药用性未明。

084 靴耳属种类

Crepidotus sp.

子实体小型。菌盖直径 1 ～ 4 cm，肾形到花瓣状，附着点附近光滑或有微毛，较黏，湿时边缘有时微衬，白色至水灰色，干燥后褪色较明显，常产生双色标本。菌褶紧密，发白，成熟时呈褐色。无柄。菌肉呈白色，有弹性。担孢子 7.1 ～ 7.7 μm×6.5 ～ 7.2 μm，平滑，近椭圆形。

生境｜夏秋季生长于腐木上。

引证标本｜ GDGM 83386，2020 年 9 月 1 日李挺、邢佳慧、黄晓晴采集于广东省中山市小琅环森林公园。

用途与讨论｜食药用性未明。

085 柔黄粉褶蕈（参照种）

Entoloma cf. *flavovelutinum* O. V. Morozova et al.

担子果中型，初期半球形到凸形，后渐平展，中心凹陷，不透明条纹状，黄白色到淡黄色，边缘白色，瘀伤时轻微变色至橙黄色，最初均匀呈天鹅绒状，然后随着年龄的增长逐渐形成微小的鳞状或具光泽。菌褶较密，年轻时呈白色，然后是淡橙色，整个边缘同色或较浅。担孢子 8.5 ～ 11 μm×5.5 ～ 7 μm，角形，6 ～ 8 角。

生境｜生于阔叶林中地上。

引证标本｜ GDGM 84359，2020 年 10 月 12 日李泰辉、李挺、黄晓晴、张嘉雯采集于广东省中山市小琅环森林公园；GDGM 80569，2020 年 5 月 29 日邢佳慧、王刚正、贺勇采集于广东省中山市小琅环森林公园。

用途与讨论｜食药用性未明。

086 近江粉褶蕈

Entoloma omiense (Hongo) E. Horak

菌盖直径 3 ～ 4 cm，初圆锥形，后斗笠形至近钟形，中部无明显突起，浅灰褐色至浅黄褐色，具明显条纹，表面光滑，边缘整齐。菌褶较密，薄，具 2 ～ 3 行小菌褶，直生，初白色，成熟后粉红色，褶缘整齐，与褶面同色。菌柄中生，圆柱形，等粗或基部略粗，中空，与盖同色，光滑，具纵条纹，基部具白色菌丝。菌肉白色，薄，气味和味道不明显。担孢子 9.3 ～ 11.2 μm× 7.9 ～ 9.2 μm，等径至近等径，5 ～ 6 角，多为 5 角，角度明显。

生境｜单生或散生于地上。

引证标本｜ GDGM 86052，2021 年 6 月 30 日邓旺秋、李挺采集于广东省中山市树木园。

用途与讨论｜有毒。

087 粉褶蕈属种类

Entoloma sp.

菌盖直径 3 ～ 4 cm，杯伞状或漏斗状，光滑，淡灰色、淡灰黄色至淡灰褐色，边缘较完整，后略波浪形。菌肉厚达 2 mm，白色。菌褶宽达 4 mm，直生或略弯生，稍密，初白色，成熟后粉红色，不等长。菌柄长 6 ～ 7 cm，直径 1.1 ～ 1.8 cm，淡灰色或污白色，比菌盖色浅，具条纹，基部具少量白色菌丝体。担孢子 7.4 ～ 8.8 μm，等径，4 ～ 5 角，多为 4 角。淡粉红色。

生境｜生于林中地上。

引证标本｜ GDGM 80563，2020 年 5 月 29 日邢佳慧、王刚正、贺勇采集于广东省中山市小琅环森林公园。

用途与讨论｜中山该标本与近杯伞状粉褶蕈 *Entoloma subclitocyboides* W.M. Zhang 有点相似，但后者菌盖较大，孢子也较大些，且形状也略有差异。食药用性未明。

088 老伞属种类

Gerronema sp.

菌盖直径 2.5 ～ 3.5 cm，凸镜形至平展形，有时中央稍下陷，淡灰色至带点褐色，中央暗褐色，有辐射状条纹或小沟纹，略皱。菌肉薄，白色至带菌盖颜色。菌褶短延生，不等长，稍宽，白色。菌柄长 2 ～ 5 cm，直径 2 ～ 4 mm，圆柱形，白色至灰白色，有点水浸状。担孢子 4 ～ 5.5 μm×3.5 ～ 5 μm，球形至近球形，光滑，无色，淀粉质。

生境｜夏秋季生于林中地上的木质基物上。

引证标本｜ GDGM 86617，2021 年 8 月 24 日黄浩、钟国瑞采集于广东省中山市五桂山。

用途与讨论｜疑似新种。食药用性未明。

089 陀螺老伞

Gerronema strombodes (Berk. & Mont.) Singer

菌盖直径 1.5 ～ 2.5 cm，平展凸镜形，中央略凹陷，黄褐色至茶色，有灰褐色平伏纤毛及辐射条纹，稍黏，边缘老时波纹。菌肉薄，近白色，伤不变色，气味不明显。菌褶延生，稀，近白色。菌柄长0.8～2 cm，直径2～3 mm，柱形等粗，淡灰白色至微褐白色，被微小绒毛，下部较暗，空心，脆。担孢子 5.3 ～ 6 μm×4.4 ～ 5.2 μm，椭圆形，光滑，无色。

生境｜群生至丛生于阔叶林中落叶小枝上。

引证标本｜ GDGM 80556，2020 年 5 月 27 日邢佳慧、王刚正、贺勇采集于广东省中山市浮虚山森林公园。

用途与讨论｜食药用性未明。

090 变色龙裸伞

Gymnopilus dilepis (Berk. & Broome) Singer

子实体中小型。菌盖直径 3 ～ 7 cm，平展，紫褐色，中央被褐色至暗褐色直立鳞片。菌肉淡黄色至米色，苦。菌褶褐黄色至淡锈褐色。菌柄长 4 ～ 8 cm，直径 0.3 ～ 1 cm，近圆柱形，褐色至紫褐色，有细小纤丝状鳞片。菌环丝膜状，易消失。担孢子 5.9 ～ 6.7 μm×4 ～ 4.3 μm，椭圆形至卵形，表面有小疣，无芽孔，锈褐色。

生境｜夏秋季生于林中腐木上。

引证标本｜ GDGM 85399，2021 年 5 月 7 日李泰辉、李挺、谢德春采集于广东省中山市树木园。

用途与讨论｜有毒。

091 火焰裸伞

Gymnopilus igniculus Deneyer, P.-A. Moreau & Wuilb.

子实体小型。菌盖钟形至半球形，直径 1.5 ～ 4 cm，被有绒毛状鳞片，初期深褐色，后期变为砖红色，边缘色浅，部分有菌幕残余，菌盖皮下层呈橘黄色。菌肉白色。菌褶直生，不等长，橘黄色。菌柄中生，长 2.2 ～ 4 cm，直径 2 ～ 4 mm，顶部棕褐色，其余部位同盖色，被有纤维状鳞片。担孢子 5.3 ～ 6.4 μm×4.5 ～ 5.6 μm，近椭圆形。

生境｜群生于腐木周围的土地上。

引证标本｜ GDGM 80571，2020 年 5 月 29 日邢佳慧、王刚正、贺勇采集于广东省中山市小琅环森林公园。

用途与讨论｜食药用性未明。

092 褐细裸脚伞

Gymnopus brunneigracilis (Corner) A. W. Wilson et al.

子实体小至中型。菌盖直径 3 ～ 5 cm，平凸状，老后边缘向内卷，表面具纹槽，水渍状，光滑无毛，盘酱色至锈红褐色，边缘不规则弯曲。菌肉较薄。菌褶离生至近延生，白色，较稀，近边缘处开裂。菌柄长 3.6 ～ 5 cm，圆柱状，基部较窄，湿时较脆，干后硬，表面具纵向条纹，中空，赭色至暗黄褐色。担孢子 7.3 ～ 7.7 μm×3.5 ～ 3.8 μm，长椭圆形，光滑。

生境｜夏秋季生于阔叶林地上。

引证标本｜ GDGM 86065，2021 年 6 月 30 日邓旺秋、李挺采集于广东省中山市树木园。

用途与讨论｜食药用性及毒性未明。

093 梅内胡裸脚伞

Gymnopus menehune Desjardin et al.

子实体小型。菌盖直径 0.8 ～ 2 cm，初期凸镜形，渐变平展至凸镜形，中部轻微下凹，干燥，光滑无毛，中部颜色较深，呈淡粉褐色至浅褐色，颜色向边缘渐淡，边缘幼时稍内卷，后伸展，稍有条纹或皱纹。菌肉薄，与菌盖同色至近白色。菌褶直生至近延生，较密，近白色或乳白色至带菌盖颜色。菌柄长 2.8 ～ 5.6 cm，直径 1 ～ 2 mm，圆柱状，空心，干燥，顶部与菌盖颜色接近，往下颜色渐深，呈暗褐色。担孢子 8.9 ～ 10.6 μm×5.5 ～ 6.3 μm，近椭圆形至梨核形，光滑，无色，非淀粉质。

生境｜夏秋季丛生于富含腐殖质、木麻黄枯枝落叶或其他阔叶树的林地上。

引证标本｜ GDGM 80534，2020 年 5 月 28 日邢佳慧、王刚正、贺勇采集于广东省中山市树木园。

用途与讨论｜食药用性未明。

094 稀少裸脚伞变细变种

Gymnopus nonnullus var. *attenuatus* (Corner) A. W. Wilson, Desjardin & E. Horak

子实体小型。菌盖直径 0.7 ～ 1.5 cm，凸镜形至平展形，中部微凹，中部亮褐色，边缘颜色较淡，膜质，具有条纹和沟纹。菌褶直生，较紧密，白色至淡红灰色。菌柄长 0.5 ～ 1.5 cm，圆柱状，中生，顶部为淡褐色，越往下颜色越深，表面被粉至具小鳞片，直插入基物内。担孢子 6.5 ～ 7.5 μm×3 ～ 4 μm，长椭圆形，光滑，壁薄。

生境｜夏秋季群生于森林地面的树枝或细枝上。

引证标本｜ GDGM 76670，2019 年 5 月 22 日李骥鹏采集于广东省中山市长江库区水源林市级保护区。

用途与讨论｜食药用性及毒性未明。

095 凸盖黏滑菇（参照种）

Hebeloma cf. *lactariolens* (Clémençon & Hongo) B. J. Rees & Orlovich

菌盖直径 2.8 ～ 5.5 cm，幼时半球形，成熟后凸镜形至平展，浅黄褐色，边缘米黄色至浅褐色，无水浸状，表面光滑，干时有褶皱。菌肉近白色至淡褐色。菌褶贴生，密，藕粉褐色至淡紫褐色。菌柄长 3.5 ～ 6 cm，直径 4 ～ 9 mm，圆柱形，中生，向下增粗，基部略膨大，幼时白色到近白色，成熟时上端与菌褶颜色相近，渐向下变白色或白带淡褐色，基部有白色菌丝体，有少量纤毛或纤毛状小鳞片。菌环不明显，上位，丝膜状或纤毛状，与菌褶颜色相近或带孢子颜色。担子 4 孢，少有 2 孢。担孢子 8 ～ 10.5 μm×6 ～ 6.5 μm，杏仁形，淡锈褐色。

生境｜群生于台湾相思与其他阔叶树等林中地上。

引证标本｜ GDGM 86149，2021 年 6 月 30 日邓旺秋、李挺采集于广东省中山市树木园。

用途与讨论｜中山的标本为黏滑菇属种类，核酸序列比较与凸盖黏滑菇 *Hebeloma lactariolens* (Clémençon & Hongo) B.J. Rees & Orlovich 最为相似，但菌体颜色有一定的区别，孢子偏小，暂作参照种处理。食药用性未明。

096 华丽海氏菇

Heinemannomyces splendidissimus Watling

菌盖直径 3 ～ 6 cm，平展，灰红色至红褐色，表面被平伏的毡状绒毛，边缘有菌幕残余。菌肉白色，伤变红色。菌褶灰蓝色或铅灰色，后期变灰黑色，离生至近弯生，密，有小菌褶。菌柄长 4 ～ 6 cm，直径 5 ～ 8 mm，柱状，中空菌环上位，绒毛状。菌环上较细，黄褐色至灰褐色，菌环下颜色与菌盖近，淡红褐色，被毡状绒毛。担孢子 6 ～ 7 μm×4 ～ 4.5 μm，卵圆形或椭圆形，光滑，厚壁，蓝紫色。

生境｜夏秋季生于阔叶林地上。

引证标本｜ GDGM 85416，2021 年 5 月 9 日李泰辉、李挺、谢德春采集于广东省中山市田心公园。

用途与讨论｜食药用性未明。

097 蜡伞属种类

Hygrophorus sp.

菌盖直径 1 ～ 3 cm，初期扁半球形至凸镜形，后渐平展，中部略微突起，不黏，近光滑、有绒毛或细微鳞片，湿时白色，中部略带淡褐色，干后淡黄褐色，近盖缘有弱条纹或弱沟纹。菌褶近延生，稀，弧形，较厚，蜡质，白色。菌柄长 2 ～ 4 cm，直径 2 ～ 4 mm，圆柱形，脆，表面光滑。担孢子 9.5 ～ 13 μm×7.9 ～ 8.4 μm，近椭圆形，光滑，无色，非淀粉质。

生境｜夏秋季群生于阔叶林地上。

引证标本｜ GDGM 76296，2019 年 5 月 22 日徐隽彦采集于广东省中山市大尖山森林公园。

用途与讨论｜宏观大小形状粗略看与 *Hygrophorus eburneus* (Bull.) Fr. 相似，但菌盖不黏，有绒毛，且从其他一些细节特征、显微结构、地理分布及核酸序列等多方面比较，该菌与目前已知种类均有所不同，疑似新种。有待采集更多的标本进行科学考证。食药用性未明。

098 卵孢长根菇

Hymenopellis raphanipes (Berk.) R. H. Petersen

子实体小至中型，肉质。菌盖直径 3 ～ 12 cm，初期半球形，后近平展，中部稍有凸起，表面黏，边缘呈径向皱瘤状，灰褐色。菌肉薄。菌褶直生，较稀，白色至奶油色，不等长。菌柄长 6 ～ 20 cm，直径 3 ～ 15 mm，茶褐色至灰褐色，圆柱形，基部肿大有地下菌根，光滑，牢固，中空，质脆。担孢子 13.8 ～ 17 μm×11.5 ～ 12.5 μm，宽椭圆形至椭圆形。

生境｜夏秋季生于阔叶林地上，基部有假根深入土中与树根等地下腐木相连。

引证标本｜GDGM 84362，2020 年 10 月 12 日李泰辉、李挺、黄晓晴、张嘉雯采集于广东省中山市小琅环森林公园。

用途与讨论｜可食用。该种已可有人工栽培，商品名为黑皮鸡㙡。

99 双色蜡蘑（参照种）

Laccaria cf. *bicolor* (Maire) P. D. Orton

菌盖直径 0.8 ～ 2.2 cm，平展，中央微凹陷，新鲜时淡橙红色至橙红色，表面光滑，边缘具细条纹。菌肉薄，肉粉色。菌褶宽 1.5 ～ 2 mm，直生，不等长，较稀，新鲜时橙红色。菌柄长 4 ～ 10 cm，直径 0.1 ～ 0.4 cm，同菌盖色，圆柱形。担孢子 7.9 ～ 9.7 μm，近圆形。

生境｜生于林中裸露地面上。

引证标本｜ GDGM 76011，2019 年 3 月 13 日张明采集于广东省中山市田心公园。

用途与讨论｜食用菌。

100 漏斗香菇

Lentinus arcularius (Batsch) Zmitr.

担子果一年生，单生或聚生。菌盖漏斗形至圆形，中央凹陷，直径 1 ～ 2 cm，厚 3 mm。菌盖表面新鲜时白色、奶油色至浅褐色，烘干后呈土黄色至褐色，光滑或覆有白色的绒毛或浅黄褐色的小鳞片，干燥后呈深褐色至红褐色，环状排列，边缘锐，新鲜时直生，烘干后内卷。菌孔表面新鲜时白色至米黄色，烘干后米黄色至橘黄色，角状，每毫米 1 ～ 4 个，管壁薄，边缘撕裂。菌肉新鲜时肉质，白色至奶油色，干燥后脆革质，略易碎，白色至米黄色，厚 1 mm。菌管与菌孔表面颜色同色，延生，长 2 mm。菌柄细长，基部略粗，与菌盖表面同色，无毛，烘干后皱，长 3 cm，直径 3.5 mm。担孢子 6 ～ 8.3 μm×2.2 ～ 3 μm，圆柱形，略有弯曲或无，无色，薄壁，光滑，非淀粉质，略有嗜蓝反应。

生境｜夏秋季生于倒木、腐木上，可造成树木腐烂。

引证标本｜ GDGM 71202，2019 年 4 月 16 日钟祥荣采集于广东省中山市树木园。

用途与讨论｜不宜食用，个体小，纤维多，易腐烂和虫蛀。该种又名漏斗多孔菌 *Polyporus arcularius* (Batsch) Fr.，虽然它有菌孔，但现代分子系统学研究发现它与有香菇属 *Lentinus* 亲缘关系更密切，应归入香菇属中。

101 翘鳞香菇

Lentinus squarrosulus Mont.

菌盖直径 4 ～ 13 cm，薄且柔韧，凸镜形中凹至深漏斗状，灰白色、淡黄色或微褐色，干，被同心环状排列的上翘至平伏的灰色至褐色丛毛状小鳞片，后期鳞片脱落，边缘初内卷，薄，后浅裂或撕裂状。菌肉厚，革质，白色。菌褶延生，分叉，有时近柄处稍交织，白色至淡黄色，密，薄。菌柄长 1 ～ 3.5 cm，直径 0.4 ～ 1 cm，圆柱形，近中生至偏生或近侧生，常向下变细，实心，与菌盖同色，常基部稍暗，被丛毛状小鳞片。担孢子 5.5 ～ 8 μm× 1.7 ～ 2.5 μm，长椭圆形至近长方形，光滑，无色，非淀粉质。

生境｜群生、丛生或近叠生于混交林或阔叶林中腐木上。

引证标本｜ GDGM 76249，2019 年 5 月 21 日李骥鹏采集于广东省中山市云梯山森林公园。

用途与讨论｜幼时可食用，但常有虫蛀。

102 花脸香蘑

Lepista sordida (Schumach.) Singer

菌盖直径 4 ～ 8 cm，幼时半球形，后平展，新鲜时紫罗兰色，失水后颜色渐淡至黄褐色，边缘内卷，具不明显的条纹，边缘常呈波状或瓣状，有时中部下凹，湿润时半透状或水浸状。菌肉带淡紫罗兰色，较薄，水浸状。菌褶直生，有时稍弯生或稍延生，中等密，淡紫色。菌柄长 4 ～ 6.5 cm，直径 0.3 ～ 1.2 cm，紫罗兰色，中实，基部多弯曲。担孢子 4.2 ～ 5.2 μm×3.5 ～ 3.8 μm，宽椭圆形至卵圆形，粗糙至具麻点，无色。

生境｜初夏至夏季群生或近丛生于田野路边、草地、草原、农田附近、村庄路旁。

引证标本｜ GDGM 75995，2019 年 3 月 14 日梁锡燊采集于广东省中山市五桂山。

用途与讨论｜可食用，但注意该种容易与有毒的丝膜菌 *Cortinarius* spp. 相混淆。

103 滴泪白环蘑

Leucoagaricus lacrymans (T. K. A. Kumar & Manim.) Z. W. Ge & Zhu L. Yang

担子果小至中型。菌盖幼时宽钝圆锥形至斗笠形，后平展至平展中凸形，直径 5 ～ 6 cm，白色至米色，中部褐色至紫红褐色，被细小的褐色至紫褐色鳞片，边缘有条纹。菌褶离生，较密，米黄色至黄白色，不等长。菌柄长 8 ～ 10 cm，直径 0.3 ～ 0.5 cm，近圆形，略向下增粗，中空，常有淡红褐色的泪滴状水珠或液状分泌物。菌环上位，易脱落。担孢子 8.5 ～ 10.5 μm×5.5 ～ 7.5 μm，宽椭圆形至卵圆形。

生境｜春夏季单生至群生于阔叶林中腐殖质上。

引证标本｜ GDGM 80519，2020 年 5 月 28 日王刚正、邢佳慧、贺勇采集于广东省中山市树木园。

用途与讨论｜食药用性未明。其淡红褐色的泪滴状水珠或液状分泌物可作野外识别特征。

104 纯黄白鬼伞

Leucocoprinus birnbaumii (Corda) Sing.

子实体较小。菌盖直径 2 ～ 5 cm，初期呈钟形或斗笠形，后期稍平展，黄色，表面有柠檬黄色粉末状鳞片，边缘具细长条棱。菌肉薄，黄白色。菌褶离生，不等长，淡黄至白黄色，稍密。菌柄长 4 ～ 8 cm，直径 0.2 ～ 0.5 cm，向下渐粗，表面被一层柠檬黄色粉末，内部空心，质脆。菌环膜质，薄，生菌柄上部，易脱落。担孢子 9.3 ～ 12.4 μm×6 ～ 7 μm，侧面观卵状椭圆形或杏仁形，背腹观椭圆形或卵圆形，具明显的芽孔，无色，光滑，拟糊精质。

生境｜夏秋季散生于林中地上。

引证标本｜ GDGM 85387，2021 年 5 月 7 日李泰辉、李挺、谢德春采集于广东省中山市树木园。

用途与讨论｜有毒。

105 白垩白鬼伞

Leucocoprinus cretaceus (Bull.) Locq.

菌盖直径 4 ～ 7 cm，初期近半球形至近圆锥形，后呈斗笠形、宽圆锥形、稍平展至平展中凸形，白色，有白色至灰白色的绒毛及粉末状细鳞片，可联想起白石灰的颜色，老时变带淡黄褐色，边缘条纹不明显或具弱细条纹。菌肉薄，白色。菌褶离生，不等长，白色，密。菌柄长 7 ～ 10 cm，近顶部直径 6 ～ 9 mm，向下渐粗，基部膨大至长球茎形，直径达 15 ～ 25 mm，老时菌柄直径会明显变小，与菌盖同色，被白色粉末状附属物或粉末状鳞片，老时变带淡黄褐色或淡橙褐色。菌环上位，膜质，脆弱，白色。担孢子 9 ～ 11.4 μm×6 ～ 7.5 μm，卵形至椭圆形，具明显的芽孔，光滑，无色，拟糊精质。

生境｜夏秋季散生于林中地上或草地上。

引证标本｜ GDGM 86058，2021 年 6 月 30 日邓旺秋、李挺采集于广东省中山市田心公园。

用途与讨论｜其新鲜时白灰状的颜色可作识别特征。本种的中文名字有白垩白鬼伞、石灰白鬼伞和浅鳞白鬼伞三种叫法。本书采用《中国生物多样性红色名录——大型真菌卷》中的叫法“白垩白鬼伞”。食药用性未明。

106 易碎白鬼伞

Leucocoprinus fragilissimus (Ravenel ex Berk. & M. A. Curtis) Pat.

菌盖直径 2 ～ 4 cm，平展，膜质，易碎，具辐射状褶纹，近白色，被黄色至浅绿黄色的粉质细鳞。菌肉极薄。菌褶离生，黄白色。菌柄长 5 ～ 10 cm，直径 2 ～ 4 mm，圆柱形，淡绿黄色，脆弱。菌环上位，膜质，白色。担孢子 10 ～ 13 μm×7 ～ 9 μm，侧面观卵状椭圆形至宽椭圆形，背腹观椭圆形或卵圆形，光滑，无色，拟糊精质。

生境｜夏秋季单生于林中地上或草丛中地上。

引证标本｜ GDGM 75768，2019 年 4 月 17 日徐隽彦采集于广东省中山市田心公园。

用途与讨论｜有毒。该种较为常见，但常常难以采集到完整的标本，因为它十分脆弱，触碰时它的菌盖极易破碎成粉末状。

107 洛巴伊大口蘑

Macrocybe lobayensis (R. Heim) Pegler & Lodge

菌盖直径 7 ～ 20 cm，初期半球形至扁半球形，后凸镜形到近平展，甚至中部稍下凹，近白色、灰白色、淡灰色或淡灰褐色，有时有淡赭色斑点，不黏，光滑无毛，有时老后有裂纹，边缘初期完整，没有条纹，稍内卷到伸展，有时成熟后略呈瓣状。菌肉厚，肉质，白色，伤不变色，无明显气味。菌褶贴生至近直生或近弯生，较密，宽，不等长，白色，褶缘完整。菌柄长 7 ～ 14 cm，顶部直径 3 ～ 6 cm，向下渐粗，基部可膨大至直径 6 ～ 10 cm 或以上，常多个成丛相连，白色到与菌盖颜色相近，实心。担孢子 5 ～ 7 μm×3.5 ～ 4.5 μm，卵圆形至宽椭圆形，光滑，无色。

生境｜夏秋季生于林中地上或草丛中地上，常丛生到簇生、偶单生。

引证标本｜因疫情影响出行未收集到标本，只有凭证照片。照片由中山市树木园工作人员提供。照片拍摄于广东省中山市树木园。

用途与讨论｜这个种是广东最大型的野生蘑菇之一，可以人工栽培，商品名为金福菇。有人认为金福菇的学名为巨大口蘑 *Macrocybe gigantea* (Massee) Pegler & Lodge，但据 Pegler 等人在建立大口蘑属时对这两个种的记录，巨大口蘑的个体会更大，菌盖普遍直径为 30 ～ 35 cm，而洛巴伊大口蘑菌盖的普遍直径则为 6 ～ 12（～ 20）cm。因为我们广东的标本菌盖的直径几乎没有超过 30 cm 的，更接近后者，故采用后者的学名。食用菌。

108 半焦微皮伞

Marasmiellus epochnous (Berk. & Broome) Singer

菌盖直径 0.2 ～ 0.7 cm，贝壳形到凸镜形，肾形、近圆形至椭圆形，初期白色至近白色，后期微褐色至带粉红橙灰色，被粉末状细绒毛至近光滑，有沟纹。菌肉白色至带菌盖的颜色。菌褶白色，老后部分带淡褐色，直生或离生，不等长，分叉，稍稀至稍密。菌柄长 0.3 ～ 0.5 cm，直径 0.5 mm，偏生至近侧生，白色，被粉末状绒毛。担孢子 6 ～ 8 μm×3.5 ～ 4.5 μm，椭圆形，光滑，无色。

生境｜夏秋季群生于阔叶林中枯枝上。

引证标本｜ GDGM 80461，2020 年 5 月 28 日邢佳慧、王刚正、贺勇采集于广东省中山市蒂峰山森林公园。

用途与讨论｜食药用性未明。

109 竹生形小皮伞

Marasmius bambusiniformis Singer

菌盖直径 1 ～ 3 cm，扁半球形至钟形，有沟纹，中央有皱纹，橙色、橙红色至橙褐色，中部颜色较深。菌肉薄。菌褶附生，稀疏，等长，较宽，黄白色。菌柄长 2 ～ 4.5 cm，直径 1 ～ 1.5 mm，圆柱形，顶端近白色、黄白色，向基部渐变橙褐色，基部菌丝体白色至淡黄色。担孢子 13.5 ～ 16.5 μm × 3 ～ 4 μm，梭形。

生境｜夏季群生于路边的落叶。

引证标本｜ GDGM 80254，2020 年 5 月 27 日邢佳慧、王刚正、贺勇采集于广东省中山市浮虚山森林公园。

用途与讨论｜食药用性未明。

110 竹生小皮伞（参照种）

Marasmius cf. *bambusinus* Fr.

菌盖直径 0.3 ～ 1 cm，半球形至凸镜形，膜质，淡褐色、橙褐色至橙铁锈色，部分地方淡色到近苍白色，被微细绒毛，成熟后有强沟纹。菌肉薄。菌褶直生，稀至中等密度，白色，与菌柄接触处有一弱“项圈”。菌柄长 2 ～ 5 cm，直径 0.5 mm，暗褐色至黑褐色，光滑。担孢子 17 ～ 24 μm×3 ～ 4 μm，披针形至长梭形，光滑，无色，透明，薄壁，非淀粉质。

生境｜散生至群生于小竹枝及竹叶上。

引证标本｜ GDGM 83383，2020 年 9 月 1 日李挺、邢佳慧、黄晓晴采集于广东省中山市小琅环森林公园。

用途与讨论｜形态与竹生小皮伞 *Marasmius bambusinus* Fr. 相似，但标本最少，暂作参照种处理。食药用性未明。

111 土黄小皮伞（参照种）

Marasmius luteolus Berk. & M. A. Curtis

菌盖直径（8 ～）15 ～ 25 mm，半球形至钟形，后平展而具脐凹，膜质，浅黄色到黄白色，干，有绒毛或光滑，边缘整齐，有条纹。菌肉薄，白色。菌褶直生，稀疏，淡黄色。菌柄长 30 ～ 60 mm，直径 1 mm，中生，棒形，上部白色，下部橙色至褐色，被不明显绒毛或光滑，纤维质，空心，非直插入基物，基部菌丝白色。担孢子 8 ～ 12 μm×3 ～ 3.5 μm，椭圆形，有偏生尖突，光滑，无色，非淀粉质。

生境｜群生至丛生于阔叶林中落叶或小枝上。

引证标本｜ GDGM 77633，2019 年 8 月 28 日贺勇采集于广东省中山市树木园。

用途与讨论｜食药用性未明。

112 淡赭色小皮伞

Marasmius ochroleucus Desjardin & E. Horak

菌盖直径 1.1 ～ 1.5 cm，凸镜形至平展凸镜形，黄色至奶油色，边缘颜色较浅，中央有尖突，有条纹，水渍状。菌肉薄。菌褶直生，白色，较窄。菌柄长 3 ～ 4.5 cm，直径 1 ～ 2 mm，顶端白色，透明，逐渐变为黄褐色，基部菌丝体白色至黄白色。担孢子 9.8 ～ 11.5 μm×3.6 ～ 4.2 μm，长椭圆形，弯曲，光滑。

生境｜单生或群生于单子叶或双子叶植物叶片和腐枝上。

引证标本｜ GDGM 86973，2021 年 8 月 24 日黄浩、钟国瑞采集于广东省中山市五桂山。

用途与讨论｜食药用性未明。

113 素贴山小皮伞

Marasmius suthepensis Wannathes, Desjardin & Lumyong

菌盖直径5～25 mm，初钟形，后平展脐凸形，略上翘，紫红褐色，干，上密生微细绒毛，边缘有微弱条纹。菌肉白色，近柄处厚约1 mm，边缘处消失。菌褶弯生至离生，较密，初白色，后转淡黄色，有横脉。菌柄长3～5.5 cm，直径0.5～1 mm，中生，棒形，弯曲，深褐色，近顶部黄白色，脆骨质，实心，后空心，基部稍膨大呈吸盘状，上有白色菌丝体，不插入基物内。担孢子16～26 μm×4～5.6 μm，近长梭形，光滑，无色，非淀粉质。

生境｜生于阔叶林中落叶或小枝上。

引证标本｜GDGM 84437，2020年9月28日钟国瑞、李挺采集于广东省中山市树木园。

用途与讨论｜食药用性未明。

114 小皮伞属种类

Marasmius sp.

菌盖直径 10 mm，凸镜形，渐平展，鲜红色，亮红色，边缘钝齿状，盖边缘有弱的沟纹。菌褶直生至狭附生，较稀（16 ～ 18 个），有 0 ～ 2 个系列的小菌褶，褶缘与菌盖同色。菌柄长 25 ～ 35 mm，直径 2 ～ 3 mm，中生，圆柱形，灰橙色至暗橙色，非直插入基物内，基部菌丝白色。担孢子 7 ～ 10.5 μm× 4.6 ～ 5.5 μm，椭圆形，光滑，薄壁，透明。

生境｜群生至丛生于阔叶林中落叶或小枝上。

引证标本｜ GDGM 86071，2021 年 6 月 30 日邓旺秋、李挺采集于广东省中山市树木园；GDGM 84450，2020 年 9 月 28 日钟国瑞、李挺采集于广东省中山市树木园。

用途与讨论｜食药用性未明。

115 灰褐铦囊蘑（参照种）

Melanoleuca cf. *griseobrunnea* Antonín, Ďuriška & Tomšovský

子实体较小。菌盖直径 3 ～ 5.5 cm，扁半球形至近扁平，中央稍凸起，灰色至灰褐色，表面平滑，或后期有细小绒毛，边缘内卷而平整。菌肉白色，中部厚。菌褶污白色、灰白色，灰色至浅黄褐色，离生，密，不等长。菌柄长 3 ～ 6 cm，直径 6 ～ 10 mm，圆柱形，灰白色，向下部灰褐色至暗褐色，且有深色条纹，或下端有白绒毛，基部膨大，内部松软。担孢子 4 ～ 7.5 μm× 3.9 ～ 5 μm，无色，有小疣点，卵圆形。囊体近梭形，有隔，顶端有附属物。

生境｜夏秋季生云杉、松等林中地上。

引证标本｜ GDGM 71207，2019 年 4 月 16 日钟祥荣采集于广东省中山市树木园。

用途与讨论｜食药用性未明。

116 大变红小蘑菇

Micropsalliota megarubescens R. L. Zhao et al.

菌盖直径 30 ～ 65 mm，钝圆锥形到凸镜形，渐变平凸，常具脐凸，表面干燥，中部微纤维，其他地方近光滑无毛，近白色到奶油色，变为灰褐色，中部颜色较深。菌肉厚约 3 mm，白色。菌褶离生，密集，有 3 组不等长的小菌褶，宽 4 ～ 6 mm，初近白色，后浅褐色或橙灰色，褶缘较浅。菌柄长 60 ～ 110 mm，直径 5 ～ 12 mm，圆柱形，有时基部近球茎状，中空，光滑到丝质纤毛，白色。菌环上位，悬垂，膜质，边缘全缘，白色。有不愉快气味。担孢子 4.8 ～ 6.7 μm×3.2 ～ 3.9 μm。

生境｜群生于阔叶林中地上。

引证标本｜ GDGM 80583，2020 年 5 月 29 日邢佳慧、王刚正、贺勇采集于广东省中山市小琅环森林公园。

用途与讨论｜食药用性未明。

117 极小小蘑菇

Micropsalliota pusillissima R. L. Zhao et al.

菌盖直径 2 ～ 3.5 cm，初期钝圆锥形或凸起，后伸展呈平凸，污白色至稍带褐色，边缘有条纹，中央有较密的淡褐色平贴小鳞片，边缘小鳞片糠麸状。菌肉白色，伤后或老后变红褐色至暗褐色。菌褶离生，不等长，较密，赤黄褐色至灰褐色。菌柄长 25 ～ 35 mm，直径 2.5 ～ 3.5 mm，等粗，空心，纤维质，初期白色至淡黄色，后期变暗褐色至暗紫褐色。菌环上位，单环。担孢子 5 ～ 6.8 μm×2.8 ～ 3.7 μm，椭圆形，光滑，褐色。

生境｜群生或丛生于阔叶林中地上。

引证标本｜ GDGM 80664，2020 年 5 月 29 日邢佳慧、王刚正、贺勇采集于广东省中山市小琅环森林公园。

用途与讨论｜食药用性未明。

118 新假革耳

Neonothopanus nambi (Speg.) R. H. Petersen & Krisai

子实体小至中型。菌盖直径 3 ～ 6 cm，半圆形，扇形，贝壳形或圆形，初期盖缘内卷，后平展，中部凹陷，盖缘成熟时开裂成瓣状，白色或灰白色，表面平滑。菌肉肉质，较硬，复性强，白色至乳白色。菌褶短延生至菌柄顶端，在菌柄处交织，中等密度或稍密，不等长。菌柄较短，长 0.8 ～ 2.5 cm，直径 7 ～ 12 mm，偏生，侧生，实心，基部被绒毛。担孢子平均 5.7 μm× 3.6 μm，椭圆形，具有明显的尖突，表面有褶皱，无色，非淀粉质。

生境｜春秋季生于阔叶林木上。

引证标本｜ GDGM 80522，2020 年 5 月 28 日王刚正、邢佳慧、贺勇采集于广东省中山市树木园。

用途与讨论｜有毒。

119 热带小奥德蘑

Oudemansiella canarii (Jungh.) Höhn.

菌盖直径 4 ～ 12 cm，初期半球形，渐平展，水浸状，黏滑或胶黏，白色，边缘具稀疏而不明显条纹。菌肉薄，白色，较软。菌褶直生至弯生，宽，稀，不等长，白色或略带粉色。菌柄长 5 ～ 8 cm，直径 0.3 ～ 1 cm，圆柱形或基部膨大，纤维质，实心，上部白色，下部略带灰褐色。菌环上位，白色，膜质。担孢子 14.8 ～ 18.8 μm，近球形，光滑，无色。

生境｜北方夏秋季、南方春冬季群生或近丛生于树桩或倒木、腐木上，有时单生。

引证标本｜ GDGM 80667，2020 年 5 月 29 日邢佳慧、王刚正、贺勇采集于广东省中山市小琅环森林公园。

用途与讨论｜可食用。

120 纤毛革耳

Panus ciliatus (Lév.) T. W. May & A. E. Wood

菌盖直径 2 ～ 6 cm，中凹至深漏斗形，革质，不黏，肉桂褐色至土红褐色，干时栗褐色，有时具淡紫色，被粗绒毛，边缘有刺毛，具同心环纹。菌肉厚常不足 1 mm，白色或浅褐色。菌褶延生，甚密，苍白色、米黄色、淡黄色至木材褐色，有时带淡紫色。菌柄长 2.2 ～ 4 cm，直径 2.5 ～ 8 mm，常偏生，圆柱形，与菌盖同色，被粗厚绒毛，近菌褶基部有刺毛，纤维质，实心，常有假菌核。担孢子 5 ～ 6.5 μm×2.8 ～ 3.4 μm，椭圆形，光滑，无色。

生境｜生于腐木中的假菌核上。

引证标本｜ GDGM 80581，2020 年 5 月 29 日邢佳慧、王刚正、贺勇采集于广东省中山市小琅环森林公园。

用途与讨论｜纤维多，没有食用价值。

121 巨大侧耳

Pleurotus giganteus (Berk.) Karun. & K. D. Hyde

菌盖直径 6 ～ 20 cm，幼时扁半球形至近扁平，中央下凹，逐渐呈漏斗形至碗形，淡黄色但中央暗，干，上附有灰白色或灰黑色菌幕残留物，中部色深有小鳞片，边缘强烈内卷然后延伸，有明显或不明显条纹。菌肉白色，略有气味。菌褶延生，稍交织，不等长，稍密至密，白色至淡黄色，具 3 种或 4 种长度的小菌褶。菌柄长 5 ～ 25 cm，直径 0.6 ～ 3 cm，多中生，圆柱形，近地面处略粗，向下渐尖长达 18 cm，表面与菌盖同色，顶部苍白色、污白色至白色，有绒毛，实心至松软，内部白色，基部向下延伸呈根状。担孢子 6.4 ～ 7.5 μm×4 ～ 4.8 μm，椭圆形，光滑，无色。

生境｜夏秋季单生或丛生于常绿阔叶林地下腐木上。

引证标本｜ GDGM 80536，2020 年 5 月 27 日邢佳慧、王刚正、贺勇采集于广东省中山市浮虚山森林公园。

用途与讨论｜可食。已人工栽培。

122 菌核侧耳

Pleurotus tuber-regium (Fr.) Singer

菌盖直径 5 cm，漏斗形或杯形，后平展但中央仍保持下凹。菌肉皮革质，表面光滑，常有散生、翘起的小鳞片，特别是近中央的部分，淡灰白色到肉桂色，没有条纹，边缘初内卷，薄，有时放射状至锯齿状边缘。菌褶延生，很密集，宽达 2 mm，苍白至淡褐色、淡黄色，边缘完整。菌柄中央生，偶尔偏心生，圆柱形，中实，表面与菌盖同色，通常有和菌盖表面一样贴生的小鳞片。担孢子 5.5 ～ 5.7 μm×3.2 ～ 3.6 μm，椭圆形。

生境｜生于阔叶林中腐木上。

引证标本｜ GDGM 80454，2020 年 5 月 27 日邢佳慧、王刚正、贺勇采集于广东省中山市浮虚山森林公园。

用途与讨论｜可食用、药用。

123 狮黄光柄菇

Pluteus leoninus (Schaeff.) P. Kumm.

菌盖直径 3 ～ 5.5 cm，凸镜形至近平展形，中部稍凸起至有平缓的脐凸，近光滑，没毛，中部稍有辐射状皱纹，边缘有细条纹，多少呈水浸状，鲜黄色或橙黄色，有光泽，中部较暗呈黄褐色。菌肉薄，脆，白色到黄白色。菌褶离生，密，稍宽，不等长，初期白色，后粉红色或肉色。菌柄长 7 ～ 9 cm，直径 7 mm，圆柱形，向下渐粗，有纵向纤维状条纹，有时有纤毛状小鳞片，上端近白色，向下变黄白色至微褐色，基部褐色，稍膨大，有白色菌丝体。担孢子 5 ～ 6.5 μm×3.7 ～ 4.5 μm，宽椭圆形至近球形，光滑，淡粉红色至淡粉黄色。

生境｜散生于或丛生于阔叶林中地上的腐木上。

引证标本｜ GDGM 79739，2020 年 4 月 29 日王刚正、贺勇采集于广东省中山市树木园。

用途与讨论｜食药用性未明。

124 黄盖小脆柄菇

Psathyrella candolleana (Fr.) Maire

子实体小至中型。菌盖直径 2 ～ 7 cm，幼时圆锥形，渐变为钟形，老后平展，初期边缘悬挂花边状菌幕残片，黄白色、淡黄色至浅褐色，边缘具透明状条纹，成熟后边缘开裂，水浸状。菌肉薄，污白色至灰褐色。菌褶密，直生，淡褐色至深紫褐色，边缘齿状。菌柄长 4 ～ 7 cm，直径 3 ～ 5 mm，圆柱形，基部略膨大，幼时实心，后空心，丝光质，表面具白色纤毛。担孢子 4.3 ～ 5.5 μm×4.2 ～ 4.7 μm，椭圆形至长椭圆形，光滑，淡褐色。

生境｜夏秋季簇生于林中地上、田野、路旁等，罕生于腐朽的木桩上。

引证标本｜ GDGM 75770，2019 年 4 月 17 日徐隽彦采集于广东省中山市田心公园。

用途与讨论｜有毒，可药用。

125 小脆柄菇属种类

Psathyrella sp.

子实体小型。菌盖直径1.5～3 cm，斗笠形至钟形，表面光滑，深酒红色，有不规则水浸样，边缘色浅，略带黄色。菌褶直生至稍离生，密集，有小菌褶，浅肉黄色。菌柄长4～7 cm，直径0.4～0.7 cm，污白色，表面有腺点及条状纤维，易碎。担孢子6.5～6.8 μm×4.2～4.3 μm，椭圆形至近球形，表面密布交错的条纹，无色。

生境｜生于林中落叶较多的地上。

引证标本｜ GDGM 80669，2020年5月29日邢佳慧、王刚正、贺勇采集于广东省中山市小琅环森林公园。

用途与讨论｜经核酸序列与形态学对比，该菌与目前已知种类均有所不同，疑似新种。有待采集更多的标本进行科学考证。食药用性和毒性未明。

126 丁香假小孢伞

Pseudobaeospora lilacina X. D. Yu, Ming Zhang & S. Y. Wu

子实体小型。菌盖直径 1 ～ 3 cm，初扁球形，后渐平展，中央下凹成脐状，蓝紫色或藕粉色至灰紫色，似蜡质，干燥时灰白色带紫色，后边缘波状或瓣状并有粗条纹，常有细小鳞片，不黏，有辐射状沟纹。菌肉同菌盖色，薄。菌褶直生至稍下延或近弯生，宽，稀疏，不等长，与菌盖同色或稍深，老时褪为黄褐色。菌柄长 2 ～ 3 cm，直径 2 ～ 5 mm，近圆柱形，与菌盖同色，有绒毛，下部常弯曲。担孢子 3.2 ～ 4.6 μm×2.1 ～ 2.7 μm，宽椭圆形至椭球形，透明，厚壁。

生境｜夏秋季生于林中地上，单生或群生，有时近丛生。

引证标本｜ GDGM 80459，2020 年 5 月 28 日邢佳慧、王刚正、贺勇采集于广东省中山市树木园。

用途与讨论｜食毒不明。

127 毛伏褶菌（参照种）

Resupinatus cf. *trichotis* (Pers.) Singer

担子体常长于腐木的下表面，背着生或近侧生。菌盖直径 3 ～ 5 mm，近圆形、半圆形至肾形或耳状，被粗绒毛，灰色至灰黑褐色。菌肉薄，凝胶状，暗褐色。菌褶从中心或偏心处的近基部的着生点辐射状长出，窄，中等密，淡灰色、灰褐色至近黑色。菌柄着生基部位于菌盖背部或侧背面，周围有明显绒毛。担孢子 4 ～ 5.5 μm×4 ～ 4.5 μm，近球形或球形，光滑，无色，非淀粉质。

生境｜群生于阔叶树的腐木下侧表面。

引证标本｜ GDGM 86615，2021 年 8 月 24 日黄浩、钟国瑞采集于广东省中山市五桂山。

用途与讨论｜中山标本的形态与毛伏褶菌（毛黑轮）*Resupinatus trichotis* (Pers.) Singer 基本一致，但菌盖和孢子与欧洲文献的描述略有区别，且目前未能得到核酸序列对比的支持，故暂作该种的参照种处理。食药用性和毒性未明。

128 印度瘦脐菇

Rickenella indica K. P. D. Latha & Manim.

菌盖直径 0.3 ～ 1 cm，浅半球形，中央脐状，黏，薄，脆，淡黄色或黄色至橙黄色，中央颜色较深，橙黄色至橙红色，表面具网纹，干燥时不易观察。菌肉白色，脆，无味。菌褶延生，疏，不等长，边缘整齐，白色至乳黄色。菌柄长 0.7 ～ 5 cm，直径 0.1 ～ 0.2 cm，细长圆柱形，上下等粗，乳黄色至浅橙色，被有细绒毛。担孢子 4.7 ～ 7.7 μm×2.6 ～ 4.6 μm，椭圆形，光滑，非淀粉质。

生境｜夏秋季单生或散生于倒木上、苔藓层中。

引证标本｜ GDGM 84376，2020 年 9 月 28 日钟国瑞、李挺采集于广东省中山市树木园。

用途与讨论｜这个种与腓骨瘦脐菇 *Rickenella fibula* (Bull.) Raithelh 的形态非常相似。然而，通过核酸序列比较，它与印度瘦脐菇模式标本的序列一致，形态也相似，故鉴定为印度瘦脐菇。食药用性和毒性未明。

129 臭黄菇（参照种）

Russula cf. *foetens* Pers.

菌盖直径 5 ～ 10 cm，初期扁半球形，后期渐平展，中部稍凹陷，浅黄色或污赭色至浅黄褐色，中部土褐色，表面光滑，黏，边缘具有由小疣组成的明显粗条纹。菌肉薄，污白色，近表皮处呈浅黄色，质脆，具腥臭气味，味道辛辣且具苦味。菌褶弯生，稠密，褶幅宽，初期污白色，后期渐变浅黄色，常具暗色斑痕，一般等长，较厚，基部具分叉。菌柄长 4 ～ 10 cm，直径 1.5 ～ 3 cm，较粗壮，上下等粗或向下稍渐细，污白色至污褐色，老熟或伤后常出现深色斑痕，内部松软渐变空心。担孢子 6 ～ 6.4 μm×5.1 ～ 5.6 μm，球状至近球形，有明显小刺或疣突至棱纹，无色，淀粉质。

生境｜夏秋季群生或散生于针叶林或阔叶林中地上。

引证标本｜ GDGM 85411，2021 年 5 月 8 日李泰辉、李挺、谢德春采集于广东省中山市五桂山。

用途与讨论｜有毒。

130 日本红菇

Russula japonica Hongo

菌盖直径 6 ～ 15 cm，中央凹至近漏斗形，边缘略内卷，白色，常有土黄色的色斑，湿时稍黏。菌肉脆，白色。菌褶直生至贴生，甚密，盖缘处每厘米约 30 片，不等长，部分分叉，白色，成熟时部分变乳黄色至土黄色，易碎。菌柄长 2.5 ～ 5 cm，直径 1.2 ～ 2.5 cm，中生至微偏生，白色。担孢子 7.4 ～ 8.3 μm×6.8 ～ 7.5 μm，宽椭圆形至近球形，具小刺，小刺间偶有连线，不形成网纹，无色，淀粉质。

生境｜散生至群生于阔叶林、混交林或针叶林中地上。

引证标本｜ GDGM 76236，2019 年 5 月 20 日李骥鹏采集约广东省中山市树木园。

用途与讨论｜有毒。能引起严重的胃肠炎症状。

131 裂褶菌

Schizophyllum commune Fr.

菌盖直径 5 ～ 20 mm，扇形，灰白色至黄褐色，被绒毛或粗毛，边缘内卷，常呈瓣状，有条纹。菌肉厚约 1 mm，白色，韧，无味。菌褶白色至褐黄色，不等长，褶缘中部纵裂成深沟纹。菌柄常无。担孢子 5 ～ 7 μm×2 ～ 3.5 μm，椭圆形或腊肠形，光滑，无色，非淀粉质。

生境｜散生至群生，常叠生于腐木上或腐竹上。

引证标本｜ GDGM 77094，2019 年 7 月 3 日李泰辉、黄浩、贺勇、文华枢采集于广东省中山市北台山森林公园。

用途与讨论｜幼嫩时可食用、药用。

132 间型鸡㙡

Termitomyces intermedius Har. Takah. & Taneyama

菌盖直径 6 ～ 10 cm。中央至边缘呈放射状纤毛细条纹，表面光滑，不黏或湿时微黏；中央尖凸部分颜色较暗，呈灰褐色至暗褐色，常略带粉红色色泽，边缘颜色比中央浅，呈淡灰褐色至灰白色或近白色，边缘初期稍内卷到下弯，后伸展，通常或多或少呈辐射状撕裂。缺内菌幕，无菌环。菌肉近菌柄处厚 5 ～ 6 mm，呈白色，无明显气味，受伤后微变粉红色至几近不变色。菌褶较密，呈白色至淡粉红色，离生。菌柄长 8 ～ 10 cm，直径 8 ～ 10 cm，近圆柱状，略向近地表处增粗，中生，实心，纤维质，菌柄基部向地下延伸成假根，与白蚁巢相连，近圆柱形，向下逐渐变细，实心，表面多为浅色至带泥土的褐色。担孢子 7 ～ 8 μm×4 ～ 5 μm，呈椭圆形，表面光滑，无色透明。

生境｜夏季群生于阔叶林中，有假根与白蚁巢相连。

引证标本｜ GDGM 76892，2019 年 7 月 2 日黄浩采集于广东省中山市树木园。

用途与讨论｜可食用。

133 小果鸡㙡

Termitomyces microcarpus (Berk. & Broome) R. Heim

菌盖直径 1 ～ 2.5 cm，扁半球形至平展，白色至污白色，中央具有一颜色较深的圆钝突起，边缘常反翘。菌肉白色。菌褶离生，白色至淡粉红色。菌柄长 2 ～ 5 cm，直径 0.2 ～ 0.4 cm。假根近圆柱状，白色至污色。担孢子 6.5 ～ 8 μm×4.5 ～ 5.5 μm，椭圆形，光滑，无色，非淀粉质。

生境｜夏至秋季群生于阔叶林中地上，常与白蚁巢相连或白蚁附近。

引证标本｜ GDGM 80663，2020 年 5 月 29 日邢佳慧、王刚正、贺勇采集于广东省中山市小琅环森林公园。

用途与讨论｜可食用。

134 小孢四角孢伞

Tetrapyrgos parvispora Honan & Desjardin

菌盖直径 5 ～ 19 mm，扁平至平展，淡灰色，中央淡褐色、下陷，有与菌褶对应的辐射状沟纹或条纹，近中部沟纹不明显。菌肉薄，灰白色。菌褶直生至稍延生，灰白色，稍稀。菌柄长 10 mm，直径 0.5 ～ 1 mm，暗灰色至黑色，顶端近白色。担孢子 6 ～ 8.8（～ 9.6）μm×4.8 ～ 8 μm，具 3 ～ 5 个不同方向的距状突起，多数 4 个，无色，非淀粉质，距长达 6 μm，宽达 4 μm。

生境｜夏季生于热带和亚热带林中腐树枝上。

引证标本｜ GDGM 71218，2019 年 4 月 16 日钟祥荣采集于广东省中山市树木园。

用途与讨论｜食药用性和毒性未明。黑褐色的菌柄与具有距状突起的孢子可作明显的识别特征。

135 雪白草菇

Volvariella nivea T. H. Li & Xiang L. Chen

菌盖直径 7 ～ 9 cm，初近圆锥形，后展开至凸镜形，纯白色，不黏，边缘完整，薄，无条纹。菌肉近菌柄处厚 4 ～ 5 mm，薄，白色，伤不变色，气味温和。菌褶宽 5 ～ 7 mm，离生，较密，边缘每厘米 8 ～ 9 片，幼时白色，成熟后变粉红色。菌柄长 10 ～ 11.5 cm，直径 0.7 ～ 0.8 cm，圆柱形，略带丝状条纹，白色。菌托肉质，苞状，白色。担孢子 6 ～ 7 μm×4.5 ～ 5.5 μm，卵圆形至宽椭圆形，光滑，淡粉红色。

生境｜生于竹林或阔叶林中地上。

引证标本｜ GDGM 80575，2020 年 5 月 29 日王刚正、邢佳慧、贺勇采集于广东省中山市小琅环森林公园。

用途与讨论｜食药用性与毒性未明。

牛肝菌

136 柯氏波纹菇

Meiorganum curtisii (Berk.) Singer, J. García & L. D. Gómez

子实体一年生，平伏至反卷，肉质，干后脆质，易碎，具强烈腥臭味。菌盖近圆形，直径达 5 cm，厚可达 5 mm，表面新鲜时褐色、金黄色至黄褐色，光滑或被细绒毛，干后黑褐色，边缘锐，波状，与菌盖表面同色或略浅，干后内卷。不育边缘窄至几乎无，新鲜时鲜黄色。菌褶表面新鲜时黄褐色至蜜褐色，干后黑褐色，较密，波状，分叉交织成网状，不等长，厚可达 3 mm。菌肉薄，干后浅黄褐色至暗褐色，厚可达 2 mm。担孢子 3.1 ～ 4 μm× 1.7 ～ 2 μm，长椭圆形至圆柱形，无色，薄壁，光滑，非淀粉质，嗜蓝。

生境｜秋季生于针叶树倒木上，可造成木材褐色腐朽。

引证标本｜ GDGM 76025，2019 年 3 月 13 日张明采集于广东省中山市蒂峰山森林公园。

用途与讨论｜有毒。

137 褐丛毛圆孔牛肝菌

Gyroporus brunneofloccosus T. H. Li, W. Q. Deng & B. Song

菌盖直径 4 ～ 7 cm，半球形至凸镜形，褐色至浅褐色，不黏，被明显的褐色长丛毛或丛毛状鳞片，丛毛之下的底色略浅。菌肉白色，伤后变蓝绿色，随后变深蓝绿色或深蓝色。孔口每毫米 1 ～ 2 个，多角形，近白色至黄白色，伤后变浅绿色，随后变深绿色或深蓝色。菌管长 3 ～ 7 mm，与孔口同色，伤后同样变色。菌柄长 4 ～ 6 cm，直径 1.5 ～ 2 cm，倒棒形，与菌盖同色，被明显的绒毛或粗毛，中部或中下部往往有弱的菌环痕迹。担孢子 5 ～ 8.5 μm×4 ～ 5.3 μm，宽椭圆形，光滑，近无色。

生境｜夏秋季单生至散生于针阔混交林地上。

引证标本｜ GDGM 86148，2021 年 6 月 30 日邓旺秋、李挺采集于广东省中山市树木园。

用途与讨论｜可能有人把它当作蓝圆孢牛肝菌 *Gyroporus cyanescens* (Bull.) Quél. 食用。该种与蓝圆孢牛肝菌相似，但本种明显的褐色丛毛及较短的孢子可作明显区别。

138 青木氏小绒盖牛肝菌

Parvixerocomus aokii (Hongo) G. Wu, N. K. Zeng & Zhu L. Yang

担子体小型。菌盖直径 1 ～ 2.5 cm，幼时半球形，渐变凸镜形至近平展，鲜红色至红褐色，有时带青褐色，伤变青褐色，干，具微绒毛。菌肉厚 2 ～ 3 mm，黄白色到至淡黄色，伤变蓝色。菌管直生至稍下延，幼时近白色至黄白色，后黄色或带青黄色，伤变蓝色。孔口多角形，近柄处呈褶片状，呈不明显放射状排列，与菌管同色，伤变蓝色。菌柄长 1 ～ 2.5 cm，直径 0.2 ～ 0.3 cm，圆柱状，淡红色至浅紫红色，常带褐色，近基部稍呈黄色。担孢子 8 ～ 13 μm×4 ～ 5.5 μm，椭圆形至近棒状，光滑，淡黄褐色至略带橄榄绿色。

生境｜夏秋季散生至近群生于针阔混交林地上。

引证标本｜ GDGM 86977，2021 年 8 月 24 日黄浩、钟国瑞采集于广东省中山市五桂山。

用途与讨论｜食毒不明。该种小型而鲜红的菌盖及变蓝的伤变色可作野外识别的特征。

139 疸黄粉末牛肝菌

Pulveroboletus icterinus (Pat. & C. F. Baker) Watling

子实体小型，初期陀螺形，有发达的粉末状外菌膜。菌盖直径 2 ～ 5.5 cm，扁半球形至凸镜形，覆有一层厚的硫黄色粉末，有时带灰硫黄色，可裂成块状，粉末脱离之后呈淡紫红色至红褐色。菌幕从盖缘延伸至菌柄，硫黄色，粉末状，破裂后有残余物挂在菌盖边缘，部分附着在菌柄形成易脱落的粉末状菌环。菌肉黄白色，伤后变浅蓝色，无味道，有硫黄气味。菌管短延生或弯生，橙黄色、粉黄色至淡肉褐色，伤后变青绿色、蓝褐色或蓝绿色。孔口多角形。菌柄长 2 ～ 7.5 cm，直径 6 ～ 8 mm，中生至偏生，圆柱形，上粗下细，上覆有硫黄色粉末，伤后变灰蓝色至蓝色。菌环上位，硫黄色，易脱落。担孢子 8 ～ 10 μm×3.5 ～ 6 μm，椭圆形，光滑，浅黄色。

生境｜夏秋季单生于针阔混交林中地上。

引证标本｜ GDGM 84333，2020 年 10 月 11 日李泰辉、李挺、黄晓晴、张嘉雯采集于广东省中山市树木园。

用途与讨论｜有毒，可药用。

140 灰紫粉孢牛肝菌

Tylopilus griseipurpureus (Corner) E. Horak

子实体中型。菌盖直径 3 ～ 6 cm，幼时半球形，表面覆盖着灰黑色短绒毛，成熟后凸镜形，浅紫色至灰紫色。菌肉较厚，白色，幼时较紧实，老后变柔软，伤不变色。菌管细小而坚硬，每毫米 3 个，由苍白色变为粉红色至浅褐色，卵圆形。菌柄长 5 ～ 6 cm，直径 1 ～ 2 cm，紫色至紫红色，圆柱状至棍棒状，基部粗大，表面粗糙，有时顶端具淡褐色网纹。担孢子 7.5 ～ 9.4 μm× 2.8 ～ 3.6 μm，圆柱形，淡褐色，表面光滑。

生境｜夏秋季单生、散生或群生于阔叶林地上。

引证标本｜ GDGM 85427，2021 年 6 月 30 日邓旺秋、李挺采集于广东省中山市树木园。

用途与讨论｜食毒不明。

141 黄盖臧氏牛肝菌

Zangia citrina Yan C. Li & Zhu L. Yang

菌盖直径 2 ～ 5 cm，初近半球形，后凸镜形到平展，中部黄褐色、柠檬黄色至淡黄色，边缘粉奶油色到近白色，平滑至稍不平。菌肉污白色，伤不变色。孔口成熟后淡粉红色、带粉灰紫色至灰紫褐色，伤不变色。菌管淡粉红色至与孔口同色。菌柄长 4 ～ 7 cm，直径 0.4 ～ 0.7 cm，圆柱形，上半部分灰粉白色，近基部黄色至铬黄色或黄褐色，被不明显粉红色小鳞片。担孢子 11.2 ～ 14 μm×3.7 ～ 5 μm，近梭形至长椭圆形，光滑，近无色至淡粉红色。

生境｜生于阔叶林中地上。

引证标本｜ GDGM 86969，2021 年 8 月 24 日黄浩、钟国瑞采集于广东省中山市五桂山。

用途与讨论｜食药用性未明。

腹菌

142 头状秃马勃

Calvatia craniiformis (Schwein.) Fr.

子实体高 5.5 ～ 14 cm，直径 4.5 ～ 10 cm，陀螺形，不育基部发达，以菌索固着在地上。包被分为两层，薄，黄褐色至酱褐色，初期具微细绒毛，或有糠麸状附属物，后渐变光滑，成熟后顶部开裂，成片状脱落。产孢组织幼时白色，后变为蜜黄色。担孢子直径 2.6 ～ 3.5 μm，球形或近球形，具极细的小疣，淡黄色。孢丝淡褐色，厚壁，有稀少分枝和横隔。

生境｜夏秋季单生或散生于阔叶林中地上、路边和草地上。

引证标本｜ GDGM 83209，2021 年 5 月 7 日李泰辉、李挺、谢德春采集于广东省中山市树木园。

用途与讨论｜可药用。

143 锐棘秃马勃

Calvatia holothurioides Rebriev

子实体高 3.1 ～ 5.8 cm，直径 3 ～ 6.8 cm，球形或近陀螺形，幼嫩时为浅橙褐色，后变为灰黄色至黄褐色，初期表面平滑，后稍皱，基部收缩成一柄状基部。包被褐色，成熟开裂时上部易消失，柄状基部不易消失。产孢组织紧凑，成熟时黄色至褐黄色，干燥后棉絮状。柄状基部长 2.5 ～ 3.5 cm，直径 0.8 ～ 1.1 cm，比包被颜色浅，被绒毛。孢子堆黄色。担孢子直径 3.4 ～ 3.7 μm，近球形、椭球形或卵形，透明至淡黄色，非淀粉质，粗糙，有锥形棘刺。棘刺高 0.3 ～ 0.5 μm，通过丝状附属物连接成网状。

生境｜夏秋季单生或群生于林中腐殖质丰富的地上。

引证标本｜ GDGM 83376，2020 年 8 月 31 日李挺、邢佳慧、黄晓晴采集于广东省中山市树木园。

用途与讨论｜幼时可食用。

144 隆纹黑蛋巢菌

Cyathus striatus (Huds.) Willd.

子实体高 10 ～ 15 mm，直径 5 ～ 10 mm，倒锥形至杯状，基部狭缩成短柄，成熟前顶部有淡灰色盖膜。包被外表暗褐色、褐色至灰褐色，被硬毛，褶纹初期不明显，毛脱落后有明显纵褶。内表灰白色至银灰色，有明显纵条纹。小包直径 1.5 ～ 2.5 mm，扁球形，褐色、淡褐色至黑色，由根状菌索固定于杯中。担孢子 19 ～ 22 μm×9 ～ 11 μm，椭圆形至矩椭圆形，厚壁。

生境｜夏秋季群生于落叶林中腐木或腐殖质多的地上。

引证标本｜ GDGM 84443，2020 年 9 月 28 日钟国瑞、李挺采集于广东省中山市树木园。

用途与讨论｜可药用。

145 木生地星

Geastrum mirabile Mont.

菌蕾直径 0.3 ～ 0.5 cm，球形至倒卵形，外包被基部袋形，上半部开裂成 5 瓣，外侧乳白色至米黄色，内侧灰褐色。内包被无柄，薄，膜质，灰褐色至近暗灰色。嘴部平滑，具光泽，圆锥形，有一明显环带，其颜色较内包被的其他部分浅。担孢子直径 3 ～ 4 μm，球形，具微细小疣，褐色。

生境｜夏秋季生于倒木或树桩上。

引证标本｜ GDGM 76885，2019 年 7 月 2 日文华枢采集于广东省中山市树木园。

用途与讨论｜可药用。

146 绒皮地星

Geastrum velutinum Morgan

菌蕾幼时扁球形，直径 1.5 ～ 2 cm。外包被有草黄色、肉色、土黄色绒毛，成熟时外包被囊状，开裂成 5 ～ 7 瓣裂片，宽 1.9 ～ 5 cm。内包被直径 1 ～ 2 cm，近球形，顶部呈圆锥形突起，沙土色、暗烟色、浅褐色至污褐色，长有褐色绒毛，少数被有白粉层。担孢子直径 2.5 ～ 3.6 μm，近球形，暗褐色至黑褐色，具微细疣突或微刺突。

生境｜夏秋季单生或丛生于林中地上或植物残体上。

引证标本｜ GDGM 84421，2020 年 9 月 29 日钟国瑞、李挺采集于广东省中山市树木园。

用途与讨论｜可药用。

147 竹林蛇头菌

Mutinus bambusinus (Zoll.) E. Fisch.

菌蕾高 1 ～ 2 cm，直径 0.5 ～ 1.3 cm，卵形到长椭圆形，白色。成熟时孢托从包被内伸出，由上部的产孢部分与下部的菌柄组成，总高 4 ～ 6 cm。产孢部分长 1.5 ～ 2.5 cm，直径 0.4 ～ 0.6 cm，近长筒形至近长圆锥形，具圆钝的粒状突起或疱疹状，覆盖有黏稠暗青灰色的孢体，孢体脱落后呈深红色，顶端稍平截。菌柄长 2 ～ 3.5 cm，直径 0.5 ～ 0.8 cm，圆柱形，向下渐粗，淡橙黄色至淡黄色，中空。菌托 1 ～ 2 cm×0.5 ～ 1 cm。担孢子 4 ～ 4.5 μm×1.8 ～ 2 μm，椭圆形，无色至淡青色，光滑。

生境｜生于竹林及阔叶林中地上。

引证标本｜ GDGM 84274，2020 年 9 月 29 日钟国瑞、李挺采集于广东省中山市树木园。

用途与讨论｜记载有毒。

148 变黄竹荪

Phallus lutescens T. H. Li, T. Li & W. Q. Deng

成熟担子体高可达 13 cm。孢托（菌盖）近卵形、半球形至钟状，高 15 ～ 20 mm，直径 17 ～ 23 mm，具不规则的网状凸起，被橄榄褐色孢体，孢体脱落后的孢托淡黄白色。孔口直径 2 ～ 3.5 mm。孢体橄榄褐色，黏液状，有腥臭味。假菌柄近圆柱形，高 70 ～ 90 mm，直径 9 ～ 23 mm，白色至淡奶油白色，脆，海绵状，中空。菌裙网状，新鲜时黄白色到淡黄色，成熟时变成黄色到深黄色，网眼常多边形，宽 3 ～ 6 mm。菌托球形至卵形，高 25 ～ 35 mm，直径 22 ～ 30 mm，光滑或微皱，暗白色、黄灰色或粉白色。气味腥臭。担孢子 3.2 ～ 3.8 μm×1.3 ～ 1.6 μm，杆形至长椭圆形，光滑，透明无色至带微青色。

生境｜生于竹林下、或阔叶树林下。

引证标本｜ GDGM 83420，2020 年 9 月 3 日李挺、邢佳慧、黄晓晴采集于广东省中山市树木园。

用途与讨论｜这是 2020 年在广东发现的新种，其主要识别特征是新鲜时淡黄色，成熟后菌裙变为黄色、深黄色至橙色。可食用。

149 豆马勃

Pisolithus arhizus (Scop.) Rauschert

子实体直径 3.5 ～ 16 cm，不规则球形至扁球形或近似头状，下部明显缩小形成菌柄。包被薄而易碎，光滑，表面初期为米黄色，后变为褐色至锈褐色，最后为青褐色，成熟后上部片状脱落。切开剖面有彩色豆状物。菌柄长达 5.5 cm，直径达 3 cm，由一团青黄色的根状菌索固定于附着物上。担孢子 7 ～ 8 μm×6.6 ～ 8 μm，近球形，密布小刺，褐色。

生境｜夏秋季单生或群生于松树等林中沙地或草地上。

引证标本｜ GDGM 85379，2021 年 5 月 7 日李泰辉、李挺、谢德春采集于广东省中山市树木园。

用途与讨论｜可药用。

150 云南硬皮马勃

Scleroderma yunnanense Y. Wang

子实体直径 2 ～ 6 cm，球形至扁球形，下端缩成柄状基部。包被厚 2 ～ 5 mm，硬木栓质，橙黄色至土黄色，初期近平滑，后期表皮逐渐龟裂呈鳞片状，包被内侧近白色。孢体初期灰紫色，后期呈暗紫褐色，成熟后粉末状。担孢子 7.5 ～ 8.5 μm×7 ～ 8 μm，球形至近球形，褐色至浅褐色，密被小刺。

生境｜夏季生于林中地上。

引证标本｜ GDGM 76225，2019 年 4 月 17 日钟祥荣采集于广东省中山市逍遥谷核心区（五桂山）。

用途与讨论｜慎食。

151 黄硬皮马勃

Scleroderma sinnamariense Mont.

子实体直径 4 ～ 9 cm，扁圆球形至近球形，无菌柄或有柄状基部。外包被新鲜时黄色至佛手黄色或杏黄色，后渐为黄褐色至灰青黄色，具深褐色至黑褐色的小斑片或小鳞片，成熟时呈不规则开裂。包被切面及内表面黄色至鲜佛手黄色。孢体灰褐色或紫灰色，后变暗褐灰色至灰褐色或紫黑色。担孢子 9.8 ～ 15 μm×2 ～ 3.5 μm（包括小刺直径为 7 ～ 10 μm），近球形至球形，黄褐色至暗褐色，厚壁，非淀粉质，不嗜蓝。

生境｜夏秋季群生或单生于阔叶林或针阔混交林中地上。

引证标本｜ GDGM 76652，2019 年 5 月 22 日李骥鹏采集于广东省中山市长江库区水源林市级保护区。

用途与讨论｜可药用。

152 黄褐硬皮马勃

Scleroderma xanthochroum Watling & K. P. Sims

子实体直径 3 ～ 8 cm，球形至扁球形，下部缩成柄状基部。包被较薄，土黄色至淡褐色，硬木栓质。孢体白色，松软。

生境 | 夏秋季散生或群生于林中地上。

引证标本 | GDGM 76230，2019 年 4 月 17 日钟祥荣采集于广东省中山市逍遥谷核心区（五桂山）。

用途与讨论 | 食药用性和毒性未明。

大型黏菌

按照现代的分类系统，黏菌并不属于真菌界，而是属于原生动物界。但由于它们的形态和生境等与真菌有许多相似的地方，传统上都是由菌物学所研究，所以作者也将它们列在这里供读者参考。

153 黄垂网菌

Arcyria obvelata (Oeder) Onsberg

孢囊高 1.5 ～ 2 mm，直径 0.3 ～ 0.5 mm，伸展后可达 4 ～ 10 mm，有柄，圆柱形，初鲜黄色，后变浅赭色或黄褐色。囊被早脱落，杯托浅，黄色，膜质，内表面有细刺和网纹。柄短或无，基部收缩。基质层膜质。孢丝网体与杯托连着不牢固，易脱落，同色，弹性强，有大刺及小刺，其间有不规则连线，分枝连接处为近三角形膨大。孢子直径 6 ～ 8 μm，球形，具小疣，成堆时黄褐色或近黄色，光学显微镜下近无色。

生境｜密集群生于死木上。

引证标本｜ GDGM 85126，2021 年 5 月 7 日李泰辉、李挺、谢德春采集于广东省中山市树木园。

用途与讨论｜不可食用。

154 小粉瘤菌

Lycogala exiguum Morgan

复囊体直径 0.5 ～ 10 mm，近球形。子实体幼时为深粉红色，成熟时变暗色，近于黑色。皮层黄褐色，有一层密疣状小鳞片，暗色、紫黑色或黑色，起初垫状，内容均一，以后变为扁平，表面呈细网格。从顶上开裂，不规则。假孢丝直径 2 ～ 10 μm，为无色或黄色的分枝管体，从皮层内侧伸出，基部常光滑，其余部分粗糙有横褶皱。孢子直径 5.3 ～ 6.5 μm，近球形，隐约有不完整的网纹或不规整的线条和疣点，有时近光滑，成堆时粉红赭青色，光学显微镜下近无色。

生境｜散生或群生于死木上。

引证标本｜ GDGM 75766，2019 年 3 月 13 日张明采集于广东省中山市蒂峰山森林公园。

用途与讨论｜食药用性未明。

155 锈发网菌

Stemonitis axifera (Bull.) T. Macbr.

菌体有一共同的基质层，许多个孢囊从基质层上长出。孢囊及菌柄总高 7 ～ 20 mm，直径 1 ～ 1.5 mm，丛生成小簇到中簇，可连成一大片。孢囊长圆柱形，顶端稍尖，鲜锈褐色到暗锈褐色。菌柄高 3 ～ 7 mm，近黑色或暗褐色，有光泽。囊轴向上渐细，在囊顶下分散连接孢丝。孢丝褐色，分枝并联结成中等密度的网体，孢丝网细密，网孔多角形，直径 5 ～ 20 μm，光滑平整，浅色，持久宿存。孢子直径 4 ～ 7.5 μm，球形或近球形，有微小疣点，成堆时锈褐色至红褐色，显微镜下淡锈褐色。

生境｜生于阔叶树上。

引证标本｜因疫情影响出行未收集到标本，只有凭证照片。照片由中山市树木园工作人员提供。照片拍摄于广东省中山市树木园。

用途与讨论｜食药用性未明。

参考文献

毕志树，郑国扬，李泰辉，1994. 广东大型真菌志［M］. 广州：广东科技出版社.

陈作红，杨祝良，图力古尔，等，2016. 毒蘑菇识别与中毒防治［M］. 北京：科学出版社.

戴玉成，周丽伟，杨祝良，等，2010. 中国食用菌名录［J］. 菌物学报，29（1）：1-21.

邓叔群，1963. 中国的真菌［M］. 北京：科学出版社.

黄秋菊，图力古尔，张明，等，2017. 间型鸡㙡（*Termitomyces intermedius*）：一个分布于亚热带至温带南缘的物种［J］. 食用菌学报，24（3）：74-78.

李玉，李泰辉，杨祝良，等，2015. 中国大型菌物资源图鉴［M］. 郑州：中原农民出版社.

图力古尔，包海鹰，李玉，2014. 中国毒蘑菇名录［J］. 菌物学报，33（3）：517-548.

吴兴亮，卯晓岚，图力古尔，等，2013. 中国药用真菌［M］. 北京：科学出版社.

中国科学院微生物研究所，1976. 真菌名词及名称［M］. 北京：科学出版社.

ANTONÍN V，URIKA O，GAFFOROV Y，et al.，2017. Molecular phylogenetics and taxonomy in *Melanoleuca exscissa* group, (Tricholomataceae, Basidiomycota) and the description of *M. griseobrunnea* sp. nov.［J］. Plant Systematics Evolution，303（33）：1181-1198.

ANTONÍN V，RYOO R，SHIN H D，2012. Marasmioid and gymnopoid fungi of the Republic of Korea. 4. *Marasmius* sect. Sicci［J］. Mycological Progress，11：615-638.

BERKELEY M J，BROOME C E，1875. Enumeration of the Fungi of Ceylon. Part II. Journal of the Linnean Society［J］. Botany，14：29-140.

BREITENBACH J，KRÄNZLIN F，1984. Fungi of Switzerland. Volume 1: Ascomycetes［M］. Verlag Mykologia：Luzern.

CAO B，HE M Q，LING Z L，et al.，2021. A revision of *Agaricus* section *Arvenses* with nine new species from China［J］. Mycologia，113（1）：191-211.

CLÉMENÇON H，HONGO T，1994. Notes on three Japanese Agaricales［J］. Mycoscience，35（1）：21-27.

CORNER E J H，1950. A Monograph of *Clavaria* and Allied Genera. Cambridge［M］. Cambridge：Cambridge University Press.

CROUS P W，SHIVAS R G，QUAEDVLIEG W，et al.，2014. Fungal planet description sheets: 214-280［J］. Persoonia-Molecular Phylogeny and Evolution of Fungi，32：184-306.

CROUS P W，WINGFIELD M J，GUARRO J，et al.，2015. Fungal planet description sheets: 320-370［J］. Persoonia-Molecular Phylogeny and Evolution of Fungi，34：167-266.

DAI Y C，2010. Hymenochaetaceae (Basidiomycota) in China［J］. Fungal diversity，45（1）：131-343.

DENEYER Y，MOREAU P A，WUILBAUT J J，2002. *Gymnopilus igniculus* sp. nov., nouvelle espèce muscicole des terrils de charbonnage［J］. Documents Mycologiques，32（125）：11-16.

LIU D，WANG X Y，WANG L S，et al.，2019. *Sulzbacheromyces sinensis*, an unexpected basidiolichen, was newly discovered from korean peninsula and philippines, with a phylogenetic reconstruction of genus *Sulzbacheromyces* [J]. Mycobiology，47（2）：191-199.

FAN L F，ALVARENGA R L M，GIBERTONI T B，et al.，2021. Four new species in the *Tremella fibulifera* complex (Tremellales, Basidiomycota) [J]. MycoKeys，82：33–56.

GONZÁLEZ F S M，ROGERS J D，1989. A preliminary account of *Xylaria* of Mexico [J]. Mycotaxon，34（2）：283-373.

HONAN A H, DESJARDIN D E，PERRY B A，et al.，2015. Towards a better understanding of *Tetrapyrgos* (Basidiomycota, Agaricales): new species, type studies, and phylogenetic inferences [J]. Phytotaxa，231：101-132.

HONGO T，1966. Notes on Japanese larger fungi (18) [J]. Journal of Japanese Botany，41：165-172.

KASUYA T，2008. *Phallus luteus* comb. nov., a new taxonomic treatment of a tropical phalloid fungus [J]. Mycotaxon，106：7-13.

KOTLÁBA F，POUZAR Z，1995. *Trametites eocenicus*, a new fossil polypore from the Bohemian Eocene [J]. Czech Mycology，48（2）：155-159.

LATHA K，RAJ K，PARAMBAN R，et al.，2015. Two new bryophilous agarics from India [J]. Mycoscience，56（1）：75-80.

LI H J，CUI B K，2010. A new *Trametes species* from southwest China [J]. Mycotaxon，113：263-267.

LI T H，CHEN X L，SHEN Y H，et al.，2009. A white species of *Volvariella* (Basidiomycota, Agaricales) from southern China [J]. Mycotaxon，109：255-262.

LI J X，HE M Q，ZHAO R L，2021. Three new species of *Micropsalliota* (Agaricaceae, Agaricales) from China [J]. Phytotaxa，491（2）：167-176.

MAY T W，WOOD A E，1995. Nomenclatural notes on Australian macrofungi [J]. Mycotaxon，54：147-150.

MORGAN A P，1895. New North American fungi [J]. Journal of the Cincinnati Society of Natural History，18：36-45.

PEGLER D N，LODGE D J，NAKASONE K K，1998. The pantropical genus *Macrocybe* gen. nov. [J]. Mycologia，90（3）：494-504.

REBRIEV Y A，2013. *Calvatia holothuria* sp. nov. from Vietnam [J]. Mikologiya I Fitopatologiya，47（1）：21-23.

REDHEAD S A，VILGALYS R，MONCALVO J M，et al.，2001. Coprinus Persoon and the disposition of *Coprinus* species sensu lato [J]. Taxon，50（1）：203-241.

REES B J，MIDGLEY D J，MARCHANT A，et al.，2013. Morphological and molecular data for Australian *Hebeloma* species do not support the generic status of *Anamika* [J]. Mycologia，105（4）：1043-1058.

ROGERS J D，1983. *Xylaria bulbosa*, *Xylaria curta*, and *Xylaria longipes* in Continental United States [J]. Mycologia，75（3）：457-67.

SHEN Y H，DENG W Q，LI T H，et al.，2013. A small cyathiform new species of *Clitopilus* from

Guangdong, China [J]. Mycosystema，32（5）：781-784.

SHIRYAEV A G，2006. Clavarioid fungi of urals. III Arctic zone. [J]. Mikologiya I Fitopatologiya，40（4）：294-306.

SUN Y F，COSTA-REZENDE D H，XING J H，et al.，2020. Multi-gene phylogeny and taxonomy of *Amauroderma* s.lat. (Ganodermataceae) [J]. Persoonia，44：206-239.

SUNG G H，HYWEL-JONES N L，SUNG J M，et al.，2007. Phylogenetic classification of *Cordyceps* and the clavicipitaceous fungi [J]. Studies in Mycology，57：5-59.

WANG X H，DAS K，BERA I，et al.，2019. Fungal biodiversity profiles 81-90 [J]. Cryptogamie Mycologie，40（5）：57-95.

WATLING R，1998. *Heinemannomyces*, a new lazuline-spored agaric genus from South East Asia [J]. Belgian Journal of Botany，131（2）：133-138.

WATLING R，SIMS K P，2004. Taxonomic and floristic notes on some larger Malaysian fungi. IV (Scleroderma) [J]. Memoirs of the New York Botanical Garden，89：93-96.

WILSON A W，DESJARDIN D E，HORAK E，2004. Agaricales of Indonesia. 5. The genus *Gymnopus* from Java and Bali [J]. Sydowia，56（1）：137-210.

WU F，ZHOU L W，YANG Z L，et al.，2019. Resource diversity of Chinese macrofungi: edible, medicinal and poisonous species [J]. Fungal Diversity，98: 1-76.

WU S Y，LI J J，ZHANG M，et al.，2017. *Pseudobaeospora lilacina* sp. nov., the first report of the genus from China [J]. Mycotaxon，132（2）：327-335.

WU Y X，SHEN S，ZHAO C L，2019. *Podoscypha yunnanensis* sp. nov., (Polyporales, Basidiomycota) evidenced by morphological characters and phylogenetic analyses [J]. Phytotaxa，387（3）：210-218.

ZHANG C X，XU X E，LIU J，et al.，2013. *Scleroderma yunnanense*, a new species from South China [J]. Mycotaxon，125：193-200.

ZHANG P，CHEN Z H，XIAO B，et al.，2010. *Lethal amanitas* of East Asia characterized by morphological and molecular data [J]. Fungal Diversity，42：119-133.

ZHANG W M，LI T H，BI Z S，et al.，1994. Taxonomic studies on the genus *Entoloma* from Hainan Province of China [J]. Acta Mycologica Sinica，13（3）：188-198.

ZHAO R L，DESJARDIN D E，SOYTONG K，et al.，2010. A monograph of *Micropsalliota* in Northern Thailand based on morphological and molecular data [J]. Fungal Diversity，45：33-79.

ZHOU J L，CUI B K，2017. Phylogeny and taxonomy of *Favolus* (Basidiomycota) [J]. Mycologia，109（5）：766-779.

ZHUANG W Y，KORF R P，1989. Some new species and new records of *Discomycetes* in China. III [J]. Mycotaxon，35（2）：297-312.

ZHUANG W Y，LUO J，ZHAO P，2011. Two new species of *Acervus* (Pezizales) with a key to species of the genus [J]. Mycologia，10（2）：400-406.

中文名索引

B

白垩白鬼伞 140
白蜡多年卧孔菌 052
白脐凸蘑菇 082
白小鬼伞 108
白赭多年卧孔菌 053
半焦微皮伞 144
薄蜂窝孔菌 047
变黄竹荪 194
变色龙裸伞 122
柄杯菌属种类 027

C

层炭壳属种类 004
橙红二头孢盘菌 005
臭黄菇（参照种） 167
锤舌菌属种类 007
纯黄白鬼伞 139
粗糙革孔菌 034
脆珊瑚菌 023

D

大白栓孔菌 048
大变红小蘑菇 153
大黄锈革孔菌 026
大孔集毛孔菌 033
大链担耳 017
大栓孔菌 071
疸黄粉末牛肝菌 183
淡赭色小皮伞 149
滴泪白环蘑 138
丁香假小孢伞 164
豆马勃 196
堆棱孔菌 038
多带栓孔菌 072

E

二年残孔菌 030

F

番红花蘑菇 083
分隔棱孔菌 039
粉褶蕈属种类 119

G

古巴炭角菌 011
桂花耳 016

H

褐丛毛圆孔牛肝菌 181
褐细裸脚伞 125
黑柄炭角菌 012
红贝俄氏孔菌 036
花脸香蘑 136
华丽海氏菇 129
黄垂网菌 202
黄盖小脆柄菇 162
黄盖臧氏牛肝菌 185
黄褐小孔菌 050
黄褐硬皮马勃 199
黄绿鸡油菌 078
黄硬皮马勃 198
灰褐铦囊蘑（参照种） 152
灰紫粉孢牛肝菌 184
火焰裸伞 124

J
极小小蘑菇 154
家园小鬼伞（参照种） 110
尖头线虫草 008
间型鸡㙡 172
金丝趋木革菌 028
近杯伞状斜盖伞 106
近变红蘑菇（参照种） 084
近江粉褶蕈 118
近缘小孔菌 049
巨大侧耳 158
菌核侧耳 160
K
柯氏波纹菇 180
L
蜡伞属种类 130
老伞属种类 120
冷杉附毛孔菌 076
栗柄锁瑚菌（参照种） 022
裂褶菌 170
隆纹黑蛋巢菌 190
漏斗香菇 133
卵孢鹅膏 096
卵孢长根菇 131
洛巴伊大口蘑 142
M
毛蜂窝孔菌 046
毛伏褶菌（参照种） 165
毛木耳 014
毛栓孔菌 070
梅内胡裸脚伞 126
蘑菇属种类（1） 085
蘑菇属种类（2） 086
蘑菇属种类（3） 087
木生地星 191
N
南方灵芝 040
拟鬼伞属种类（1） 111
拟鬼伞属种类（2） 112
拟灰花纹鹅膏 092
拟囊状体栓孔菌 066
O
欧氏鹅膏 094
Q
启迪轮层炭壳 003
铅绿褶菇 102
谦逊迷孔菌 058
翘鳞香菇 134
青木氏小绒盖牛肝菌 182
R
热带灵芝 042
热带小奥德蘑 156
日本红菇 168
绒皮地星 192
绒毡鹅膏 100
柔黄粉褶蕈（参照种） 117
锐棘秃马勃 189
S
三河多孔菌 055
桑多孔菌（参照种） 054
深褐褶菌 045
狮黄光柄菇 161
双色蜡蘑（参照种） 132
丝膜菌属种类（1） 113
丝膜菌属种类（2） 114
丝膜菌属种类（3） 115
耸毛褐褶菌 044
素贴山小皮伞 150
T
炭团菌属种类 006

头状秃马勃 188
凸盖黏滑菇（参照种） 128
土红鹅膏 098
土黄小皮伞（参照种） 148
陀螺老伞 121
驼背拟金钱菌 107

X

稀少裸脚伞变细变种 127
纤毛革耳 157
线虫草属种类（1） 009
线虫草属种类（2） 010
血红密孔菌 056
线条硬孔菌 059
小孢盘菌 002
小孢四角孢伞 176
小薄孔菌属种类 031
小杯伞属种类 104
小脆柄菇属种类 163
小粉瘤菌 203
小果鸡㙡 174
小孔血芝 060
小皮伞属种类 151
小托柄鹅膏 090
新假革耳 155
锈发网菌 204
靴耳属种类 116
雪白草菇 177

Y

雅致栓孔菌 068
亚黑管孔菌 032
易碎白鬼伞 141
银耳 018
印度瘦脐菇 166
云南硬皮马勃 197
云芝 074

Z

针孔环褶孔菌 035
致命鹅膏 088
中华丽柱衣 024
皱波斜盖伞 105
皱血芝 062
竹林蛇头菌 193
竹生干腐菌 064
竹生小皮伞（参照种） 147
竹生形小皮伞 146
紫褐黑孔菌 051

拉丁学名索引

A

Abortiporus biennis 030
Acervus epispartius 002
Agaricus alboumbonatus 082
Agaricus cf. *subrufescens* 084
Agaricus crocopeplus 083
Agaricus sp. 1 085
Agaricus sp. 2 086
Agaricus sp. 3 087
Amanita exitialis 088
Amanita farinosa 090
Amanita fuligineoides 092
Amanita oberwinkleriana 094
Amanita ovalispora 096
Amanita rufoferruginea 098
Amanita vestita 100
Antrodiella sp. 031
Arcyria obvelata 202
Auricularia cornea 014

B

Bjerkandera fumosa 032

C

Calvatia craniiformis 188
Calvatia holothuroides 189
Cantharellus luteolus 078
Chlorophyllum molybdites 102
Clavaria fragilis 023
Clavulina cf. *castaneipes* 022
Clitocybula sp. 104
Clitopilus crispus 105
Clitopilus subscyphoides 106
Collybiopsis gibbosa 107
Coltricia macropora 033
Coprinellus cf. *domesticus* 110
Coprinellus disseminatus 108
Coprinopsis sp. 1 111
Coprinopsis sp. 2 112
Coriolopsis aspera 034
Cortinarius sp. 1 113
Cortinarius sp. 2 114
Cortinarius sp. 3 115
Crepidotus sp. 116
Cyathus striatus 190
Cyclomyces setiporus 035

D

Dacryopinax spathularia 016
Daldinia childiae 003
Daldinia sp. 004
Dicephalospora rufocornea 005

E

Earliella scabrosa 036
Entoloma cf. *flavovelutinum* 117
Entoloma omiense 118
Entoloma sp. 119

F

Favolus acervatus 038
Favolus septatus 039

G

Ganoderma australe 040
Ganoderma tropicum 042
Geastrum mirabile 191

Geastrum velutinum 192
Gerronema sp. 120
Gerronema strombodes 121
Gloeophyllum imponens 044
Gloeophyllum sepiarium 045
Gymnopilus dilepis 122
Gymnopilus igniculus 124
Gymnopus brunneigracilis 125
Gymnopus menehune 126
Gymnopus nonnullus var. *attenuatus* 127
Gyroporus brunneofloccosus 181

H

Hebeloma cf. *lactariolens* 128
Heinemannomyces splendidissimus 129
Hexagonia apiaria 046
Hexagonia tenuis 047
Hygrophorus sp. 130
Hymenochaete rheicolor 026
Hymenopellis raphanipes 131
Hypoxylon sp. 006

L

Laccaria cf. *bicolor* 132
Leiotrametes lactinea 048
Lentinus arcularius 133
Lentinus squarrosulus 134
Leotia sp. 007
Lepista sordida 136
Leucoagaricus lacrymans 138
Leucocoprinus birnbaumii 139
Leucocoprinus cretaceus 140
Leucocoprinus fragilissimus 141
Lycogala exiguum 203

M

Macrocybe lobayensis 142
Marasmiellus epochnous 144
Marasmius bambusiniformis 146
Marasmius cf. *bambusinus* 147
Marasmius luteolus 148
Marasmius ochroleucus 149
Marasmius sp. 151
Marasmius suthepensis 150
Meiorganum curtisii 180
Melanoleuca cf. *griseobrunnea* 152
Microporus affinis 049
Microporus xanthopus 050
Micropsalliota megarubescens 153
Micropsalliota pusillissima 154
Mutinus bambusinus 193

N

Neonothopanus nambi 155
Nigroporus vinosus 051

O

Ophiocordyceps oxycephala 008
Ophiocordyceps sp. 1 009
Ophiocordyceps sp. 2 010
Oudemansiella canarii 156

P

Panus ciliatus 157
Parvixerocomus aokii 182
Perenniporia fraxinea 052
Perenniporia ochroleuca 053
Phallus lutescens 194
Pisolithus arhizus 196
Pleurotus giganteus 158
Pleurotus tuber-regium 160
Pluteus leoninus 161
Podoscypha sp. 027
Polyporus cf. *mori* 054
Polyporus mikawai 055
Psathyrella candolleana 162

Psathyrella sp. 163
Pseudobaeospora lilacina 164
Pulveroboletus icterinus 183
Pycnoporus sanguineus 056

R

Ranadivia modesta 058
Resupinatus cf. *trichotis* 165
Rickenella indica 166
Rigidoporus lineatus 059
Russula cf. *foetens* 167
Russula japonica 168

S

Sanguinoderma microporum 060
Sanguinoderma rugosum 062
Schizophyllum commune 170
Scleroderma sinnamariense 198
Scleroderma xanthochroum 199
Scleroderma yunnanense 197
Serpula dendrocalami 064
Sirobasidium magnum 017
Stemonitis axifera 204
Sulzbacheromyces sinensis 024

T

Termitomyces intermedius 172
Termitomyces microcarpus 174
Tetrapyrgos parvispora 176
Trametes cystidiolophora 066
Trametes elegans 068
Trametes hirsuta 070
Trametes maxima 071
Trametes polyzona 072
Trametes versicolor 074
Tremella fuciformis 018
Trichaptum abietinum 076
Tylopilus griseipurpureus 184

V

Volvariella nivea 177

X

Xylaria cubensis 011
Xylaria nigripes 012
Xylobolus spectabilis 028

Z

Zangia citrina 185